Les matériaux de la couleur

古い、色材に関してはさまざまな技術的、法的文書が現存しており、
当時使われていた顔料や染料の産地、特性、品質別の価格、交易路を知ることができる……
ローマ時代の医学者ガレノスによれば青は黄疸に効くという。

色彩
――色材の文化史

フランソワ・ドラマール＆
ベルナール・ギノー 著
柏木博 監修
ヘレンハルメ美穂 訳

知の再発見 双書132　絵で読む世界文化史

Les matériaux de la couleur
by François Delamare et Bernard Guineau
Copyright © Gallimard 1999
Japanese translation rights
arranged with Edition Gallimard
through Motovun Co.Ltd.

本書の日本語翻訳権は株式会社創元社が保持する。本書の全部ないし一部分をいかなる形においても複製、転載することを禁止する。

日本語監修者序文

柏木博

　たとえば，樹木ひとつを見ても初夏の緑，秋の黄色や赤，実に多様な色彩を見ることができる。樹木だけではない，川や海そして山，石ひとつとってもそこには無数の色がある。自然環境は膨大な色彩にあふれている。

　素材，形そして色彩といった要素によってわたしたちはものを捉えている。これはきわめて感覚的な言い方になるのだけれど，形は理性的視線で見ることになる。そして素材と色彩は感性的な視線になる。なかでも，色彩はとりわけ感性とかかわっている。色彩は，音楽における多様な音色と同様，わたしたちの官能にふれる。色彩があることは，なんと喜ばしいことだろうか。

　では，そうした色彩を絵画や衣服そして日常生活のあらゆる場面に使うにはどうすればいいのか。物質としての色彩つまり「色材」をつくる必要がある。もちろん，今日では，モニタの光による夥しい数の色彩がコンピュータによって実現されてはいるが，それとても，印刷や製品として実現するためには相変わらずインクなどの色材に還元するしかない。

　色材をつくるには，19世紀の化学的合成色材が出現するまでは，原始の時代から鉱物や植物そして動物を原料にそこから抽出するしかなかった。自然世界の色彩を

再現する色材もまた自然の産物を原料にしたのである。だがしかしである。植物の緑色がそのまま緑の色材を生むわけではないし，紅葉の赤が赤色になるわけではない。緑色は銅などからつくられるし，赤は茜の根などからとられる。つまり色材は，化学的な操作の産物なのだ。

　色材は，わたしたちがつくるさまざまなものに使われるわけだが，どのようなものに使われるかによってまったく異なったものとなってくる。つまり，パピルスのような紙，羊皮紙やベラム皮，あるいは布，陶器，ガラスなどそれぞれに適正のある異なった色材が開発される必要があるということになる。そのように考えると，色材は，思うほどに単純な素材ではないことがわかる。あえて単純な言い方をすれば，色材をつくることは化学技術によっているのであり，したがってその歴史は，化学技術の歴史でもある。

　色材を大きく分けるなら，顔料と染料のふたつになる。顔料の多くは鉱物を原料としている。それに対して染料は，植物や動物をベースにしているものが多い。日常的な体験で言えば，水彩絵の具の場合，顔料による色材は水で洗い流せば消えてしまうが，染料は，染みこんでしまい容易に消えない。小学校の時に使った水彩絵の具用の琺瑯のパレットは，使った後に洗い流しても，なぜか赤や青が琺瑯に染みこんで残っ

てしまった記憶がある。そうした色が染料であったことを知ったのは，高校で美術を学んでからのことだった。

　色材を成り立たせている要素は，したがって単純なものではない。もちろん，色材の原料の発見が前提になるが，その原料がどこにでもあるわけではない。また，同じ原料にも産地によって品質のちがいがある。たとえば，ポンペイの遺跡には，アレクサンドリアの青や辰砂の朱色，あるいはオーカー（黄色）などが使われている。それらはきわめて高価な色材だったという。高価であるということは，それらが希少であり，生産される場所も限られていたということだ。

　また，面白いことに，色材は，化学的な抽出の結果であり，色材であると同時に医学的な薬物として利用された。そのことは，ヨーロッパにおけるいわゆる錬金術と深くかかわっていた。そして錬金術的成果は近代的な化学へとかかわることになったのである。

　視点を変えれば，色材の原料は，生産地が限定され生産量にも限界があるので，当然のことながら経済と政治に深くかかわってくる。貴重な色材を自在に使えるのは，歴史的につねに豊かで政治的に優位にある国であった。たとえば，かつて赤紫は地

中海に生息するアクキガイ科の貝類が原料となった。1グラムの染料を得るためには1万ちかい貝が必要だったという。これを裕福に使うことができたのはローマ帝国であった。また，18世紀から19世紀にかけての植民地は，色材の生産地としても搾取された歴史を残している。20世紀以降は，科学的色材開発の競争の歴史だ。色材の歴史は，化学史だけではなく，政治経済史を反映しているのである。

　そして言うまでもないことなのだろうが，色材の歴史は，美術表現の歴史でもある。たとえば，フランス古典主義の画家，ジョルジュ・ド・ラ・トゥールの絵画における光の表現には鮮やかな黄色の顔料が必要だった。それには今日では一般的なクロームイエローの出現が対応していた。

　色材の歴史には，わたしたちの感覚の変容，美術，化学，さらには政治や経済の歴史が関わっており，本書では，そうしたことが鮮明にすくい取られており，小さいながらきわめて刺激的な書物である。

セヌリエ社製の顔料

緑色顔料とフランス国立ボーヴェ織
製造所で使われた色見本

ドラクロワのパレットと
セヌリエ社の顔料見本

褐色顔料とタイの日傘

赤いプラスチックチューブと
セヌリエ社の顔料見本

黄色顔料と製造途上の黄色顔料

染色したココヤシ繊維と
セヌリエ社の顔料見本

青色顔料と球状のウルトラマリンブルー

顔料で着色した瓶とセヌリエ社
の顔料見本

CONTENTS

第1章 絵具と染料 ……………………………………………………… 17

第2章 中世の色彩 ……………………………………………………… 43

第3章 需要と供給の爆発的増加 ……………………………………… 71

第4章 化学工業の勝利 ………………………………………………… 101

資料編
——色彩を探し求めて——

① 古来より伝わる色材調製法 ……………………………… 134
② 色名の変遷 ………………………………………………… 139
③ 染物と染料 ………………………………………………… 144
④ オーカーの採石場 ………………………………………… 149
⑤ ものに色があるのはなぜ？ ……………………………… 152
⑥ 理想の黒 …………………………………………………… 158

本文図版中の訳 …………………………………………… 161
用語集 ……………………………………………………… 162
INDEX ……………………………………………………… 166
出典（図版） ……………………………………………… 170

色彩——色材の文化史

フランソワ・ドラマール／ベルナール・ギノー✥著
柏木博✥監修

「知の再発見」双書132
創元社

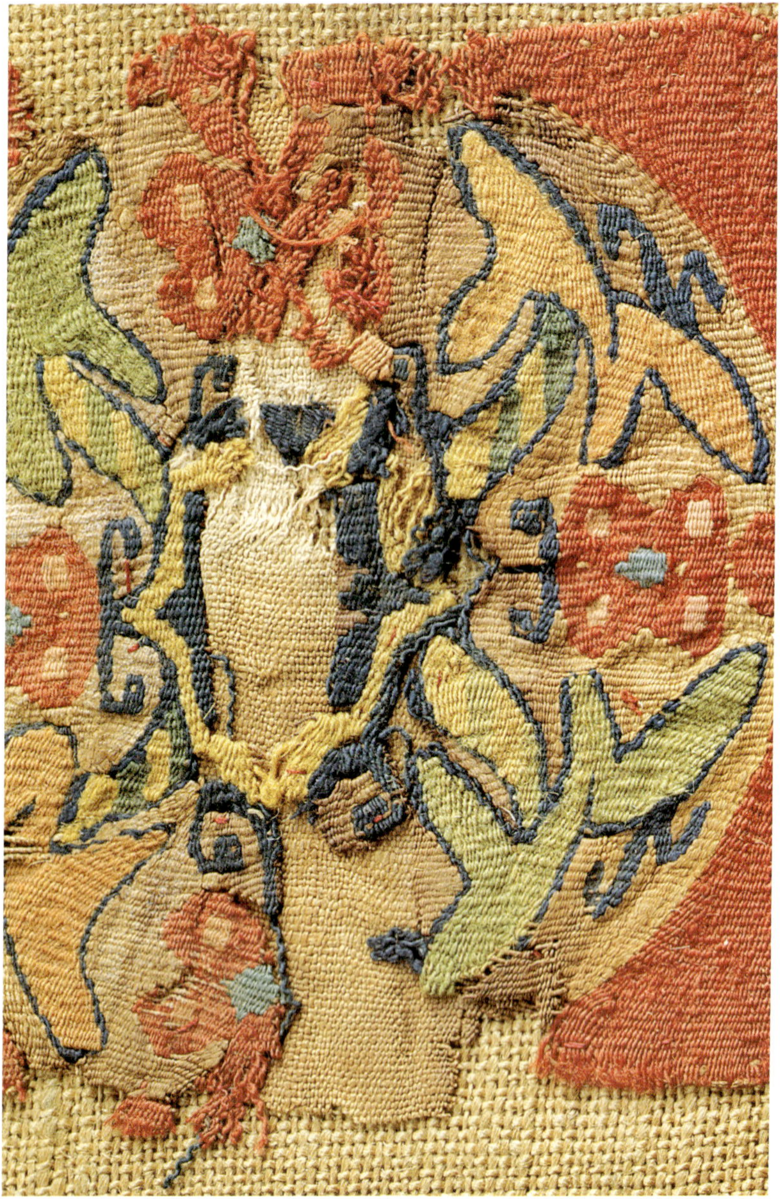

❖ われわれの住む自然界には，さまざまな色彩があふれている。空，土，水，火，どれにも色がある。人はいつの時代にも，色感を楽しみ，それを再現しようと試みてきた。これはごく自然なことではなかろうか——色彩は光から，あらゆる生命の源である光から生まれるのだから。あせることのない色を出せる色材を，身の回りの世界から手に入れるという難題に，人類は先史時代から絶えず挑んできたのである ……………………………

第 1 章

絵具と染料

⇦コプト人の織物 ⇨ホルス神の眼——このふたつの作品は，似たような暖色で彩られており，同じ彩色技術を使っていると思われるかもしれないが，まったくちがう。糸を染めるには，染料が必要である。紙やキャンバス，壁などをはじめとする基底材(シュポール)に絵を描くさいには，顔料やラッカーを用いる。

周りにある岩石や植物，動物の色を利用すれば，色材はいくらでも手に入ると思うかもしれない。しかし，実際に色材として利用できるものは少ないのだ。たとえば植物を緑色に染めている葉緑素は，植物からいったん抽出してしまうとたちまち色あせ，数時間で完全に消えてしまう。きらびやかな色の見事な羽を誇る孔雀も，ひとつとしてその色をほかの素材に分け与えることはできない。それはまるで，虹の色を取り出そうとするようなものだ。とはいえ幸いにも自然は，イエローオーカーやレッドオーカー，緑土，白亜，煤など，さまざまな素材にその色を移し伝えることができる材料も，ふんだんに与えてくれている。つまり色を移し伝えることができるか否かが，「色のついた物質」と「色をつけることのできる物質」，つまり色材とのちがいなのである。人類が絵画や文字を生み出す出発点となったのは，こうした色材の数々であった。

⇧ **オーカー土採掘場（ヴォークリューズ県ルシヨン）**——フランスでは，さまざまな品質の有色土が豊富に産出する。アプト近くの採掘場の眺めは，とりわけ壮観である。

天然の土

　有色土やオーカーは多種多様な装飾に適しており，どの文明でも身体装飾や壁画に利用されていた。土から得られ

る色は多様であり、また耐久性にすぐれているため、今日まで残っているのも不思議ではない。鮮明な色は無理としても、多彩な色調や明るさを出すことができ、あらゆる繊細な表現が可能である。

　天然土の色のもととなっているのは多くの場合、鉄である。赤土、黄土、緑土、オーカー土など、多種多様な天然土があるのは、地殻中に鉄が豊富に存在するためだ。

　なかでもよく知られているのがオーカー土である。石英の粒子と粘土（カオリナイト）、そして酸化鉄が混じり合ったものだ。赤色の酸化鉄（ギリシア語の「血」に由来する「ヘマタイト」）が含まれる場合、オーカー土の色は朱色あるいは赤色になり、さらにヘマタイト結晶の大きさが増した場合は赤紫色と多彩に変化する。これに対し、黄色の酸化鉄（ゲーサイト）が含まれるオーカー土の色は黄色のみである。自然界により多く存在するのは黄色のオーカー土だが、ゲーサイトは加熱するとヘマタイトに変化するので、ここから赤色を作り出すこともできる。ゲーサイトにごく少量の酸化マンガンが加わると、シエナ土やアンバー土と呼ばれる褐色の土になる。また、酸化マンガンが大半を占める黒土もある。こういった土はすべて、ドルドーニュ川やロット川の流域を代表例とする。渓谷地域で簡単に手に入る。この地域では数々の洞窟壁画が見つかっており、なかでもラスコーやコンバレル・ワーナック、ペッシュ＝メルルなどが有名である。また、この地域にかぎらず、フランスのほかの地方やスペインにも

⇩レッドオーカーの石塊——フランスのニエーヴル県の鉱床からは、砂がほとんど含まれていない硬い岩石が得られる。酸化鉄を含む土や岩石は、地殻中に豊富に存在する。人類はオーカー土以外にも、さまざまな酸化鉄や赤色化した土を顔料として用いてきた。酸化鉄の中でもとくに重要なのが、ヘマタイトとリモナイト（褐鉄鉱）である。ヘマタイトは酸化鉄Fe_2O_3の一種で、塊状では黒色で金属性の光沢があり、粉末状にして初めてその名（「血」を語源とする）にふさわしい様相を呈する。粒子の大きさに応じて、赤紫色（0.5μm）、赤色（0.1μm）、朱赤色（0.05μm）と色調が変化する。リモナイトは、黄色から褐色までの幅の色を呈する岩石で、ゲーサイトと土壌の非晶質部分からなる。赤色化した土は、鉄分を含む母岩が雨水により風化してヘマタイトを生じることにより形成され、なかにはテラロッサのように現在も顔料として用いられているものもある。

こうした壁画が多数存在する。

↓アルタミラ洞窟の先史壁画（スペイン）——この野牛の頭にもみられる通り，この壁画の基調は赤色である。

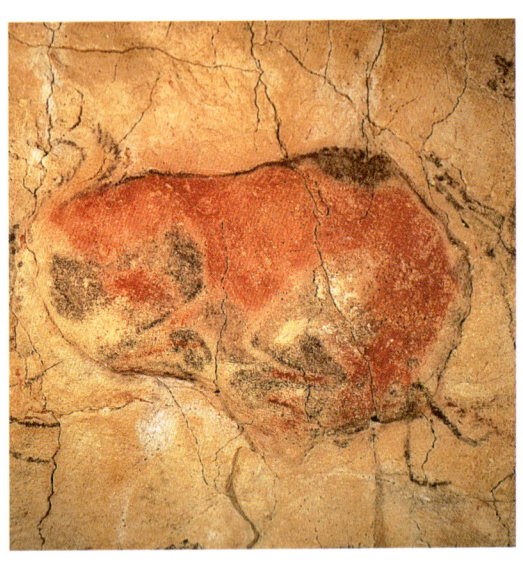

先史時代の色彩——まず，顔料から……

　顔料とは，水その他の溶剤に溶け込まない色のついた微粉末のことで，顔料の系統に属するこうした自然の色は，絵具として使うことができる。顔料の粒の大きさは0.01μmから1μmなので，光学顕微鏡や電子顕微鏡を使って高倍率で観察すれば，彩色された材料に含まれる顔料の粒を見ることができる。有色土が使われていた証拠としてこれまでに発見された最古の例は，前期旧石器時代（35万年前）にさかのぼる。この時代にはすでに，身体装飾に赤土を用いていた。生前には入れ墨をし，死後には遺骨をオーカーで赤く彩色したのである。皮なめしや食料保存，薬品の調合にも，赤土が使われていたらしい。酸化マンガンや木炭から得た黒色も発見されている。

　中期旧石器時代になるとイエローオーカーが使われるようになり，これを熱して赤色を得る技術も発見された（紀元前4万年）。この時代から，オーカーとオーカー土とを区別する必要が生じる。オーカーという用語は，オーカー土から砂を取り除いて得られる顔料に限定して用いられる。当時の人々がこの作業をどのようにおこなっていたのかは定かでないが，おそらく今日おこなわれている方法とそれほどちがいはないだろう。オーカー土を水に混ぜると，石英が沈殿し，有色酸化物と

粘土の粒子は水中に分散したままとなる。この液体部分を回収し、水分を蒸発させて得られる残渣物がオーカーだ。

　後期旧石器時代に入ると、具象絵画が登場し、使われる色彩も褐色や白色が加わってさらに豊かになった。たとえばラスコーの洞窟壁画（紀元前1万5000年）では、赤色や黄色のオーカー土、褐色や黒色の酸化マンガン、そして方解石の白が使われていたことが分かっている。アルタミラ洞窟（スペイン、紀元前1万年前）で特徴的に使われている赤色は、結晶の大きなヘマタイトだ。プロヴァンス地方にある先史時代の遺跡11か所で収集したサンプルをもとに顔料の分析をおこなったところ、酸化鉄をベースとする多種多様な色材が使われていたことが分かった——純ヘマタイト、テラロッサ、ボーキサイト（アルミナ質の赤い鉱石）、オーカー土、磁赤鉄鉱などである。これらの色材を、いったいどこで手に入れていたのだろうか？　壁画を描いた人々がその場に残していった顔料を、考古学者が発見することがあるが、こういった顔料塊の組成は実に多様であることから、地表で拾い集

⇧ラスコーの洞窟壁画——この壁画は、「緑の病」（微細藻類の繁殖による汚染）で壊滅状態寸前にまで陥った。幸い、研究を重ね手段を尽くした結果、この生物学的汚染を制圧することができた。1000を超える壁画や刻画が現存するラスコーは、先史時代の聖域ともいうべき場所だが、この有名な遺跡にあるのは見事な芸術作品だけではない。先史時代の人類が生きたまぎれもない痕跡を（たとえほんのわずかであったとしても）現代に伝えているのである。

めていたものと考えられる。また，オーカー土の小規模な採石場がいくつも確認されており，古いものは後期旧石器時代初めまでさかのぼる。が，この種の色材の産地を特定するのはきわめて難しい。

　青色や緑色が話題にのぼっていないことに気づいただろうか。前者に関しては，そもそも青色の鉱物が稀少なので無理もない。しかし緑色が使われていないのは，緑土が自然界にふんだんに存在すること，しかもその色が耐久性にすぐれていることを考えると，奇妙である。当時の人々が洞窟内の照明として用いていたたいまつやオイルランプの黄色がかった炎のもとでは，緑色が暗く映えないので，あまり好まれなかったのかもしれない。

……そして染料

　壁画に使われた絵具は耐久性にすぐれているため，きわめて古い時代の絵画や装飾品であっても，比較的容易に研究することができる。しかし染色を施した布の場合，こうはいかない。布を染めるさいには，顔料とはちがう色材のもう1つの系統である染料の作用が必要となる。染料とは，顔料とは対照的に媒材（溶剤）に溶け込む有色化合物で，こと

◁「ネガティブハンド」——この手は儀式を目的として描かれたものだろう。壁面に手を置き，色のついた粉末を口に含んで，手の上に吹きかけて描かれたものと考えられている。近年おこなわれた分析の結果，ペッシュ＝メルル洞窟では，色材を高熱で焼き，すりつぶして調整していたことが判明した。

第1章 絵具と染料

に染色、つまり、繊維の着色に使われる。染料は有機分子（炭素を骨格とする分子）であり、粒子がきわめて小さいため、超高倍率で観察してもその姿をとらえることはできない。染料も、おそらく鉱物顔料と同じぐらい古い時代から使われているはずだが、繊維という材質が脆弱であるため、今日その物証は残っていないことが多い。かろうじてさかのぼることができるのは新石器時代（紀元前6000年頃）までで、この時代のものとしては、スイスの湖上住居跡からモクセイソウ（黄色の染料に使う）の種が見つかったほか、プロヴァンス地方でもタイセイ（青の染料）で染めた布が発見されている。モヘンジョダロ（インダス川流域、紀元前2500～1500年）

↑ペッシュ＝メルル洞窟（ロット県）の壁画——この斑点のある馬の壁画は、洞窟壁画の至宝である。2万年以上前に描かれたこの壁画は、徐々に石灰の層に包み込まれていったおかげで、その原初の色を完全に保っている。ヘマタイトの赤、オーカーの黄色、方解石の白、マンガンや木炭の黒。色彩と輪郭が混ざり合い絡み合っている。

では、茜染め（赤）の木綿布が出土している。アクキガイ科の巻貝を用いて赤紫色の染色をおこなっていた最古の遺跡はクレタ島で発見され、紀元前1600年のものと推定されている。オリエンタルな地中海の気候、そしてエジプトの独特なそれは布の保存には好都合だった。

エジプト——3000年にわたる色彩の歴史

古代文明の中でもとくにエジプト文明では、その歴史を通じてさまざまな色材が使われてきた。壁画、彩色を施した品々、絵師や書記が使った材料などが、多数現存している。当時の色材の使用法はふたつに大別される。ひとつは写実的な使い方、つまり日常の場面や風景を描く場合で、この場合絵師は、何の制限もなくさまざまな色を混ぜたり重ねたりすることができた。そしてもうひとつは宗教的な使い方、つまり埋葬や魔よけを目的とする場合である。このさい使われる色彩は、金銀などの金属や宝石と密接な結びつきをもった、象徴的な意味合いの強い6色にかぎられていた。象徴的な色は混ぜ合わせるとその意味が失われてしまうので、各色は混ぜることなく使われていた。

⇐ラメセス4世のシャブティ（来世での召使いの人形）——インクの発明者であり、また最古の人工青色顔料「エジプトブルー」（古代エジプト語で「ケスベド・イリト」。作られたラピスラズリの意）の発明者でもあったエジプト人は、青色を使って文字を書くこともあった。簡略化した書体で書く場合にはインク、つまり細かくすりつぶした青色顔料を使っていた。すりつぶすことによって粒の表面が際立ち、青色に白っぽい輝きが加わるので、インクの色は薄くなる。ヒエログリフを書くさいには絵具を使用したため、それほど細かくすりつぶす必要がなかった。そのため顔料の色はあまり変化せず、より濃い色が保たれている。

以前からよく使われていた赤色や黄色に加え、この時代から濃青色や淡青色、緑色、スミレ色、白、金色が登場した。また、地塗りの材料の種類も著しく増加し、これに伴って新しい絵画技法がいくつも生み出された。先史時代から受け継がれてきた壁画制作の技術に加え、木製やアラバスター（大理石の一種）製の小像や小箱、木板肖像画、パピルス、陶器、カルトナージュ（亜麻布を漆喰で固めて何層に重ねた素材）や木棺など、持ち運びが可能な品々に絵を描く技術も編み出された。基底材（絵を描くための素材）の用意や使い方が確立され、また絵具層を形成するさいにはそれぞれに合った結合材が用いられるようになったのである。
　さまざまな分析の結果、

↑水鳥を狩るネブアメン（第18王朝時代、漆喰に彩色）——古代エジプトの写実的な絵画に使われた色彩は、先史時代の絵画と比べると比較にならないほど多い。基本となっているのは先史時代と同じくレッドオーカーやイエローオーカーだが、青色や、銅塩による緑色をはじめ、多種多様な色の鉱物が使われている。

⇐顔料の入った壺、オーカーとエジプトブルーの小片（ディル・アル＝メディーナのカーの墓出土、第18王朝）

当時の絵師や職人たちが新技術の考案に長けていたことが分かっている。彼らは，エジプトの土壌からふんだんに採れる数々の鉱物を活用していた。たとえば赤色顔料として用いられていたのはオーカーだけではなく，紀元前3000年にはすでに下ヌビア地方において，鶏冠石（硫化ヒ素）が使われていた。また緑色顔料として，孔雀石（塩基性炭酸銅）や緑塩銅鉱（塩基性塩化銅）の使用が確認されている。しかし，創意に富むこの民族の性質を端的に表しているのは，黄色の場合であるといえよう。古王国時代にはすでに，オーカーの少しくすんだ黄色に加え，石黄（硫化ヒ素の一種）の黄金色に近い黄色や，鉄明礬石（硫酸鉄，硫酸カリウムや硫酸ナトリウムを含む鉱物）の鮮やかなライトイエローが使われていた。これら3種の顔料が同じ作品に重ねて使われていることもある。ヘネムの妻の石棺（中王国時代）に見ることができる，これほど多様な黄色顔料を使用した例は，その後西洋でも長らくみられることがなかった。

最初の合成顔料

もうひとつ，古代エジプト人によって開発されたのが，合成顔料の製造技術だ。ガラスがエジプトで発明されたことからも分かる通り，火を使う技術に長けていた古代エジプトの

⇩エジプトブルーで彩色されたカバの像（第11王朝時代のアンテフ王墓出土）──ヴィヴァン＝ドノンはエジプトでの調査から戻ると，見事な青の釉薬を使ったシャブティを，国営セーヴル製陶所に託した。以来，所長のアレクサンドル・ブロニャールは，この「エジプトブルー」の作り方を解明しようとあらゆる手をつくした。1812年，彼は鉛を主成分とする釉薬を試みたが，1877年に失敗を認めている。後に原料がアレクサンドリアブルーに近い銅青であることが分かり，この釉薬の秘密は解明された。現在セーヴル製陶所では，このいかにも穏やかな様子をしたカバの像の複製を販売している。

⇨ペンダント（ツタンカーメンの墓出土）──使われている色は，宗教的・象徴的な意味のある6色に限定されている（ここでは，金，紅玉髄，トルコ石，ラピスラズリ，孔雀石の色）。象徴的な意味合いを強く帯びた色同士を混ぜるのは言語道断とされていたので，色材は混ざらないよう並置されている。

職人たちは，紀元前3000年紀にはすでにケイ酸銅カルシウムの製造法を開発し，エジプトでは入手困難な青色鉱物に代わる色材として，絵具やインクとして使う顔料の製造に役立てていた。この人類初の合成顔料は大変な評判を呼んで，海外にも輸出され，のちにローマ人はこれをエジプトブルーまたはアレクサンドリアブルーと名づけて用いるようになった。こうして調製した青色に塩基性のナトリウム塩を加えると，見事な青の陶器を創る釉薬を得ることができる。また，古代エジプトの職人たちが作り出した人工の青色には，もう1色あった。それがコバルトで着色した濃い青色で，ガラスに用いられたが，後にオランダのデルフト陶磁器に使われるようになった色である。コバルトの鉱床は稀少であり，当時の産地がどこであったかについては諸説あるが，おそらくエジプトで採れたものであろうと考えられる。塩水湖に含まれるある種の塩(ナトロン)には，微量のコバルトが含まれているからだ。

　古代の文献によれば，顔料を製造する職人は薬品や化粧品の調製もおこなっていたといい，分析もこれを裏付けている。たとえば，エジプト人は眼病を防ぐため，コールと呼ばれる黒または濃灰色の化粧品を目の周りに塗っていたが，これには天然顔料である方鉛鉱（黒色の硫化鉛）や鉛白（白

色の塩基性炭酸鉛)、眼病予防の効果を強める人工の塩化鉛が配合されていた。

パピルスの文字や絵画

パピルスは、筆記にも絵画にも適した、すぐれた基底材(シュポール)であった。パピルスを発明したエジプト人がインクも発明したのは、おそらく偶然ではない。知られている限りでは最古の書物として有名な「パピルス・プリス」は紀元前2600年のものだが、文章をインクで書き記したさらに古い時代の土器片も見つかっている。文章の主な部分は黒で書かれており、これには煤を水でのばした不透明なインクが用いられていた。赤色、緑色、青色などほかの顔料でインクを製造するさいにも、エジプトは同じ方法を応用していた。

しかしここで新たな問題が持ち上がる。インクは絵具よりも液体に近くなくてはならないが、そうするととくに色インクの場合、不透明性が失われてしまうのである。黒インクが広く使われていたのはこのためかもしれない。中国でインクが発明されたのはこの3000年後である。エジプトとは異なり、動物性の皮膠を主成分とする溶材を使っていたため、

⇧パピルス・プリス——黒で書かれており、標題と章の始めにのみ赤が使われている。見出しを赤で書く習慣はその後も続いた。中世になるとこれは「リュブリック (rubrique)」(ラテン語でレッドオーカーを意味するrubricaが語源)と呼ばれるようになり、後にこの語は見出しに続く文章を指すようになった。

⇩第19王朝時代の屍衣——屍衣の亜麻布には絵が描かれている。

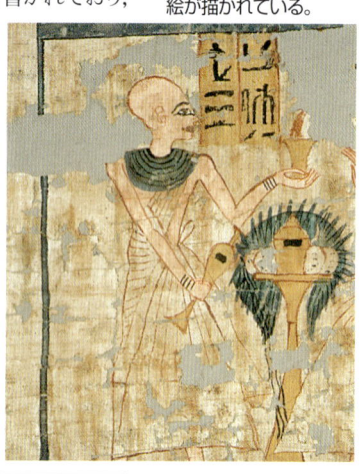

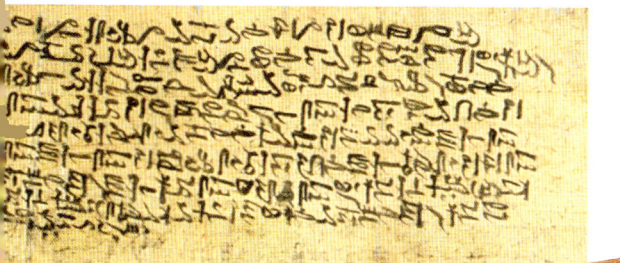

黒く光沢のない書
跡であった。

布を染める

　布という素材は耐久性
に欠けるため，現存している当時の染布はほとんどなく，分
析されているものとなるとさらに数は絞られてくる。古代エ
ジプトの地に染料となる植物が多数自生していたことは分
かっているものの，実際にそれらを使っていたという証拠は
きわめて少ない。ナイル川流域にある数々の墓（古王国時代）
で出土した亜麻布は，茜で染められていたことが分かってい
る。ツタンカーメンの墓に打ち捨てられていた種子の中から
は，ベニバナの種が見つかっている。では，古代の文献を参
照してみたらどうだろうか？　大プリニウス（紀元後1世紀
のローマの博物学者）は，その著書『博物誌』の中で，エ
ジプトの染色職人はインディゴ，ケルメス，リトマスゴケ，ア
ルカンナ，クロウメモドキ，桑の実の果汁，ベニバナ，タン
ニンを用い，媒染の技術も発明したと述べている。媒染とは，
染料をしっかりと布地に定着させるために染めつける前に媒
染材につける技術のことである。

⇩学生の書写板（エジプ
ト新王国時代）——イン
クは絵具にも染料にもな
る。エジプトの黒インク
は，細かい黒炭の粒子を
水でのばしたものだっ
た。したがって，これは
水をベースにした絵具の
一種だといえる。黒炭
は，油や木を不完全
燃焼させて簡単に
作ることができる
が，その反面，水
に溶かすのが難し
い。疎水性で，
水にまったくな
じまないのだ。
きわめて細かい
粒子からなり，凝
集することで表面
積を減らそうとする性質
を持っているのである。
この問題を，エジプト人
は水に少量のアラビアゴ
ムを加えることで解決し
た。アラビアゴムは水溶
性の糖質で，その分子が
黒炭粒子の表面に定着
し，これを親水性とする
と同時に，凝集してしま
わないよう粒子同士を遠
ざけておく働きをする
（今で言う「分散剤」で
ある）。こうしてできたイ
ンクの筆跡は黒く光沢が
あり，時間がたってもまっ
たく色あせない。しかも
化学的に中性なので，絵
を描くための基底材（シュポール）を損
なうこともない。

ローマ時代

ギリシアがエジプトを征服した後（プトレマイオス朝時代，前323～前30年）も，新技術の開発に終止符が打たれることはなかった。2つの文明は見事な調和のもとに統合され，その革新の才は花開いていった。そしてこの遺産は後にローマに受け継がれ，帝国全土において実を結ぶこととなった。

18世紀，ポンペイとヘルクラネウムの壁面装飾が発見され，大きな注目を集めた。絵具の保存状態が良く，その色彩の鮮やかさは目を見張るほどで，古代人は何らかの秘訣を知っていたにちがいないと思われ，当時の傑出した化学者たちがこの問題の解明に取り組んだ。19世紀初めに発表されたシャプタル，ヴォクランおよびダヴィの研究は，今日，計量考古学と称されている学問を追究した最初期の著作である。計量考古学とは，科学を応用して古代の出土品を研究する学問で，18世紀にケリュス伯爵が説いた手法だ。この種の研究はその後，ローマ時代のガリア地方（ヴェゾン＝ラ＝ロメーヌ，ヴィエンヌ，ヘロス）やスイス，ドイツ，イギリスなどでの発見を受けて，ますます広くおこなわれるようになった。

これらの壁画の大半はフレスコ画，つまり生乾きの石灰モルタルの上に描かれた絵画である。これは難しい技法で，後から修正を加えることができず，また一部使えない顔料がある（鉛白，鶏冠石，石黄，藍の塊）。その代わり，絵具層は完璧に保存される。というのも，乾燥時に透明な石灰層が形成され（炭酸塩化作用），その下に絵具層が密封された状態になるのである。石灰モルタル層と絵具層を磨いて艶を出すこともあり，その輝くような絵肌は今日まで完璧に保たれている。

⇩さまざまな顔料（ピンク色の茜レーキ，アレクサンドリアブルー，辰砂の赤）──ポンペイのようなローマ時代の遺跡で顔料が見つかると，壁画に使われたものとみなされるのが常である。しかし，顔料は化粧品や薬品の成分としても使われていた。リヨンのファルジュ通りにある墓の遺跡（紀元後2世紀末）で見つかったガロ＝ロマン時代の眼科医の小箱には，20個の塊が入っていた。水でのばして使ったものと考えられる。どの塊にも，当時顔料として使われていた鉱物が含まれており（白粘土，ヘマタイト，ゲーサイト，藍銅鉱，孔雀石，鉛白，鶏冠石），それぞれに説明が記されていた。そうでなければ，画家が色材を入れていた箱と勘ちがいされていたかもしれない。

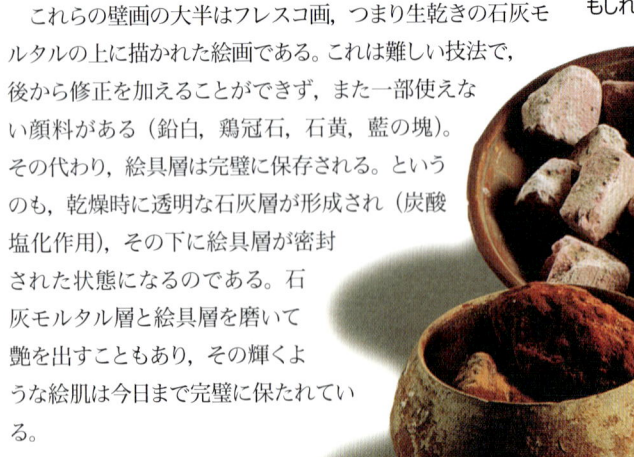

壁面装飾

ローマ帝国の領土は広大であったにもかかわらず，使われている色材や絵画の技法がその全域でほとんど変わらないのには，驚かされる。アレクサンドリアブルーや，緑土，アルマデン産の辰砂の赤色，霰石の白色，イエローオーカーが，ブリタニアや，ガリア，ルーマニア，スカンジナビア諸国，中東，北アフリカで見つかっているのは，実に驚くべきことだ（分析をおこなう研究者にとっては手に負えない状況であるが）。

こういった壁面装飾は，大半が現在でいう壁紙に相当するもので，ローマ帝国全域にわたり数千にものぼる例が現存している。大きな壁面に，帯状の装飾，葉飾り，

⇧ヴェッティの家の装飾（ポンペイ遺跡，後70年頃）──壁面の装飾と長方形の絵画（エンブレマ）は，それぞれちがう絵師が制作した。時間がたってもこれほど色あせることのない装飾が，どのような技術をもってして可能になったのかについては，19世紀以来論争が続いている。油脂を主成分とする結合材，あるいは今日で言う「石鹸」を利用して，セッコ画法で制作したのだと考える者が多かった。しかし油脂化学の専門家であるシュヴルールがこの説が誤っていることを初めて立証した。

建築の一部や燭台などの装飾が施され、絵画が装飾の中に描きこまれていることもある（エンブレマという）。

前者の装飾部分に関しては数多くの分析がおこなわれており、使われていた顔料も比較的はっきりしている。背景の大きな領域は1色に塗られているが、その色はイエローオーカーやレッドオーカー（天然あるいはイエローオーカーを焼いたもの）、炭酸カルシウム（方解石や霰石）あるいは粘土の白色、炭の黒色など、混じりけのない顔料を用いて出している。とくに贅沢な装飾では、アレクサンドリアブルーや辰砂（硫化水銀）の朱色など、高価な輸入顔料のみが壁面全体に使われていることもある。ポンペイ遺跡の秘儀荘はこの有名な例だ。

スミレ色や緑色の実現は興味深いものである。多岐にわたる手法が用いられていたからだ。スミレ色を出すには、朱赤色のヘマタイトを熱して結晶を拡大させる方法が一般的であった。また、アレクサンドリアブルーとレッドオーカーを混ぜ合わせたスミレ色もみられる。一方、緑色を出すさい、クレタ島やギリシアでは黄色と青色を混ぜたり重ねたりしていたが、ローマでは、おそらくエトルリア人やガリア人の影響で、緑土が使われていた。緑土は、緑色の粘土鉱物（海緑石、セラドナイト、あるいは緑泥石）が豊富に含まれた岩石である。海緑石は、寒冷な海洋の堆積物中で生成され、フランスなどに豊富に存在する鉱物である。わずかに黄色を帯びた薄い緑色で、絵画にはあまり用いられていない。

セラドナイトは青みを帯びた薄い緑色で、絵画によく用いられたが、きわめて稀少な鉱物であり、採掘可能な鉱床は数えるほどしかない。なかでも有名な産地は、19世紀にいたる

⇩ガラス瓶に入った茜レーキの破片——考古学の標本から、赤色やピンク色の茜レーキが確認されている。あらゆる手がかりから考えて、絵師自身あるいはその工房が作成していたと思われる。このようなレーキ（染料で着色した鉱物の粉末）は、たとえばエジプトブルーと混ぜて明るいスミレ色を作るなど、さまざまな方法で利用されていた。またレーキは耐光性が高く、とくに高価な装飾やエンブレマにおいて、ほかの多種多様な顔料（鉛白、鶏冠石、緑青）とともに使われていた。プリニウスやウィトルウィウス（前1世紀に著作を著したローマの建築家）は、黄色、スミレ色、緑色のレーキの使用について述べている。このうち黄色レーキについては、モクセイソウが原料であることがはっきりしている。しかしスミレ色と緑色については、その原料は判明しておらず、考古学的な証拠も見つかっていない。

第1章 絵具と染料

⇦スタビアエ(イタリア南部の都市)で発見された写実的な装飾 ⇩緑土——緑土の使用はローマ人特有のものである。この装飾のような作品にも,無地の背景にも適していた。レロス島のアクロポリス(フランスのアルプ＝マルティーム県サント＝マルグリット島)にあった公衆浴場の蒸し風呂で使われていた,紀元後10年ごろの淡緑色を分析したところ,ヴェローナ産のセラドナイト,ニース北の渓谷に産する海緑石,そしてポッツォーリの製造所で作られたとみられる純度の高いアレクサンドリアブルーを

までセラドナイトがトン単位で採掘されていたキプロスと,「ヴェローナ緑土」の産地,ヴェローナ近くのモンテ・バルドである。

　鉱物顔料から得られる色の範囲は比較的かぎられているため,ごく早い時代から,植物性や動物性の染料を利用して顔料を製造するようになっていた。染料で白い鉱物(粘土,アルミナ,あるいは方解石)の粉末を染めるのである。この種の顔料は,レーキ顔料と呼ばれている。

混ぜたものであることが分かった。これと同じ調合法が,リヨンのファルジュ通りで発見された同時代の装飾においても確認されている。

033

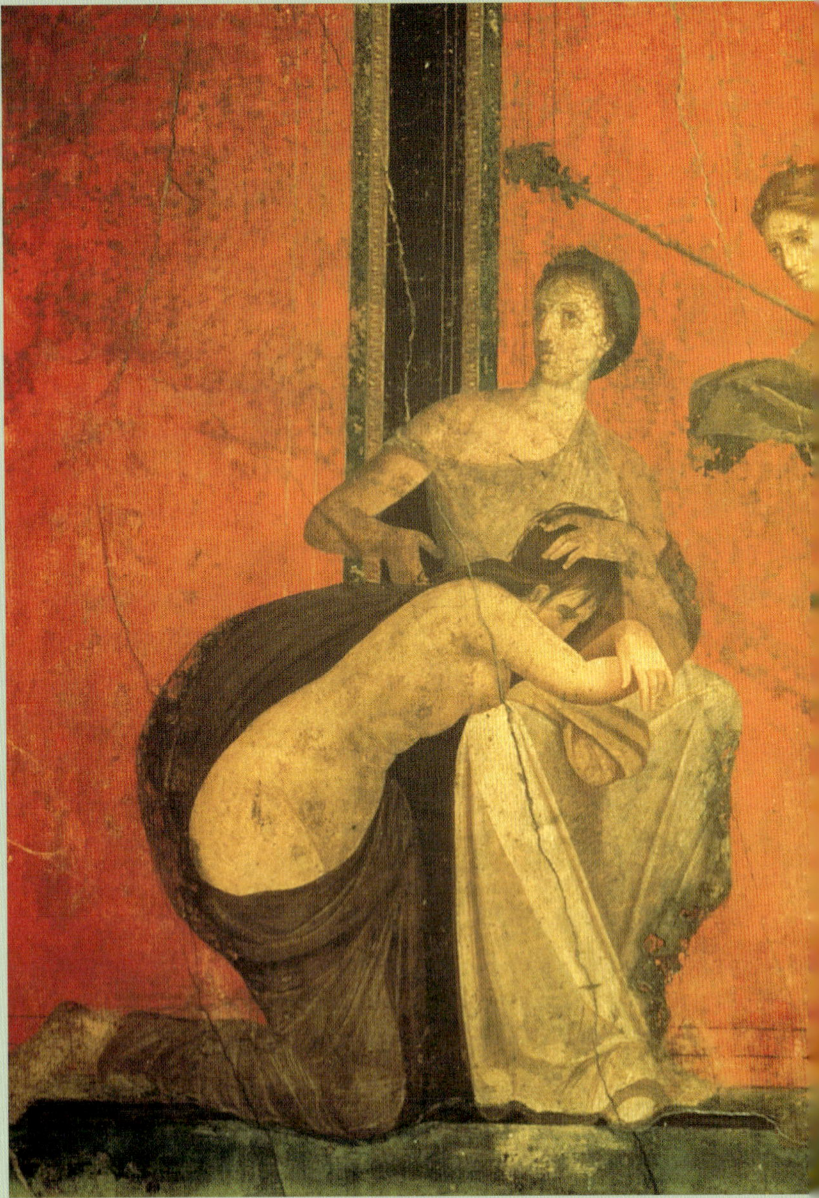

第1章 絵具と染料

秘儀荘のフレスコ画

　背景に辰砂の赤がふんだんに使われた、見事な作品である。辰砂は、当時の市場で入手できたもののなかでもきわめて高価な顔料であった。背景にこの赤色を使ってみせるのは、富を誇示する手段でもあった。辰砂は当時アルマデン（スペイン）から輸入され、ローマでは収税吏が取り扱っていた。フローラ神殿とクイリヌス神殿の間にいくつも工房を構え、その界隈はさながら工場地帯のような様相を呈していたという。当時のこういった装飾の価値を、大プリニウスが書き残している。辰砂は鉱石の状態ですでにアレクサンドリアブルーと同じぐらい高価であり、背景を赤く塗るのにふつう使われていたアフリカ産のレッドオーカーに比べると15倍の値段であった。そのうえ、望み通りの鮮やかな赤色を得るには、これを精製し、合成して純粋な辰砂を得たうえで、さらに粒子の大きさを調整しなければならなかった。また、辰砂の使用には、ある危険がつきものであった。黒く変色してしまうこともあったのだ。ウィトルウィウスはこの現象の原因が月の光の作用であるとし、これを避ける方法としてフレスコ画に蝋を塗ることを勧めている。

色材の産地と交易

　幸い，色材に関してはさまざまな技術的，法的文書が現存しており，当時使われていたさまざまな顔料や染料の産地，特性，品質別の価格，交易路を知ることができる。これらの顔料や染料が求められたのは，その多くに医学的効能があるためでもあった。オーカーには下痢や炎症に効果のある収斂薬としての効能があり，ローマ時代の医学者ガレノスによれば茜は黄疸に効くという。石黄には抜け毛防止の効果があるとされ，ヘマタイトには止血効果があるといわれていた。

　また，鉛白も薬品として使われていた。多くの顔料は，スペインや中東産であったようだ。たとえば辰砂は，スペインのアルマデンで採掘されたのち，厳重な警戒のもとローマへと輸送され，そこで公に取引された。

　こういった交易を実証する考古学的証拠も見つかっている。その代表例が，マルセイユの近くで前47年ごろに沈没した船の残骸だ。海中での捜索で，アレクサンドリアブルーやリサージ（酸化鉛の一種）の黄色，鶏冠石の赤などといった顔料が見つかった。さまざまな手がかりから，この船はポッツォーリから来たものと考えられる。ポッツォーリはイタリアではじめてアレクサンドリアブルーの製造をはじめたとされる場所である。

⇩ガラスの香油瓶（イタリアのギリシア都市遺跡出土）──ガラスはエジプトで発明されたが，古代にはシリアやパレスチナでも製造されていた。シリアやパレスチナのガラス職人は海路でガラスのインゴット（鋳塊）を輸出し，輸出先のガラス職人が現地で加工にあたった。古代の青色ガラスの飲み物用器（紀元70年頃）はコバルトで彩色されているが，その産地は分かっていない。下は，発掘で見つかった未加工のアレクサンドリアブルーの塊。白い粒子は石英である。

第1章 絵具と染料

古代の文書は貴重な情報源ではあるが、そこには時に根も葉もない産地が記されていることもあったようだ。科学的な分析技術を使えば、こういった場合も客観的な情報を得ることができる。有色鉱物は、たとえ同じ名前がついていても、どの鉱山、鉱脈からもまったく同じものが採れるわけではない。結晶の形がまったく同じとはかぎらず、また鉱物と結合する不純物は場所によって異なるので、識別が可能なのだ。産地の候補がそれほど多くなければ、こういった不純物をもとに産地を突き止めることができるのである。当時の交易を理解するうえで、これは重要な出発点となる。

人々はしばらく輸入に頼った後、同じものを地元で製造しようと考えるようになるものだ。その典型的な例が、ローマ時代のガリア地方におけるエジプトブルー（アレクサンドリアブルー）の製造である。青色は当初ポッツォーリから輸入されていたが、2世紀にはガリア地方で製造されるようになっていたことが確認されている。製造に携わっていたのはガラス職人ではなく青銅職人だったようだ。

絵画について言えば、各地の絵師たちは、下地の色材（顔料を均質に分散させ基底材の表面に固着させる下地（ファンデーション）(シュポール))の光屈折率と背景色とをうまく選ぶことで色の彩度を強めるという技を身につけていた。また、意図

☑ ⇩ 難破船で見つかった顔料――ローマ時代の多数の難破船から、地中海における顔料貿易の証拠が見つかっており、古代の著述家たちが述べていた内容を裏付けている。とくにブラニエで見つかった難破船は、幅広い種類の顔料を積んでいた点で特筆すべき例だ。この沿岸航海船はマルセイユ近くのブルンディシウム（現在のブリンディシ）近くでワインを積み込み、ポッツォーリに寄港して顔料を積み込んだが、ナルボネンシスに向かう途中で沈没した。難破船は略奪に遭っていたが、調査の結果、顔料の原料が発見された。赤色の硫化ヒ素である鶏冠石（上）は当時、ポッツォーリのソルファターラ（硫気孔）で採れた。アレクサンドリアブルー（左下）と、40kgを超える量が見つかったリサージ（酸化鉛,中および右下）の黄色は、ポッツォーリにあった製造所で精製されたものであった。リサージが管状の形をしているのは、溶けた鉛の酸化した表面が鉄の棒に巻きつくためである。

037

的に一部を磨き上げて光沢の有無を対比させたり、あるいは粗くすりつぶした顔料を表面に載せて意図的に光らせ、筆のタッチを引き立たせる効果をねらったりもしていた。

布地の染色

染色の技術にも、専門的なノウハウが必要とされる。というのも、繊維を染めるのに不可欠な染料は、植物、地衣類、動物から採れるのだが、抽出物には蝋や脂が含まれていることが多く、そのまま使えることはほとんどない。そこで、染色成分を損なわずに蝋や脂を取り除くため、温度や酸度を調節しつつ、一連の複雑な作業をおこなわなければならない（漬け込み、煮沸、発酵など）。こうして不純物を取り除いた染料は、そのまま使える場合もあれば、「前駆体」、つまりさらなる化学反応を経てやっと発色する無色の化合物が生成される場合もある。たとえばインディゴ染めの場合、繊維に定着するのはこの無色の化合物だ。空気にふれると酸素と反応し、布は数分で青色に変わるのである。

ところで、動物性の繊維を染める場合と、植物性の繊維を染める場合とでは、手法が異なる。どちらの場合も、洗っても色が落ちないようしっかりと染色するには、可能な限り安定した化学的結合によって、染料を繊維に定着させることが大前提となる。そこで、染料と反応する金属塩（植物の灰、ミョ

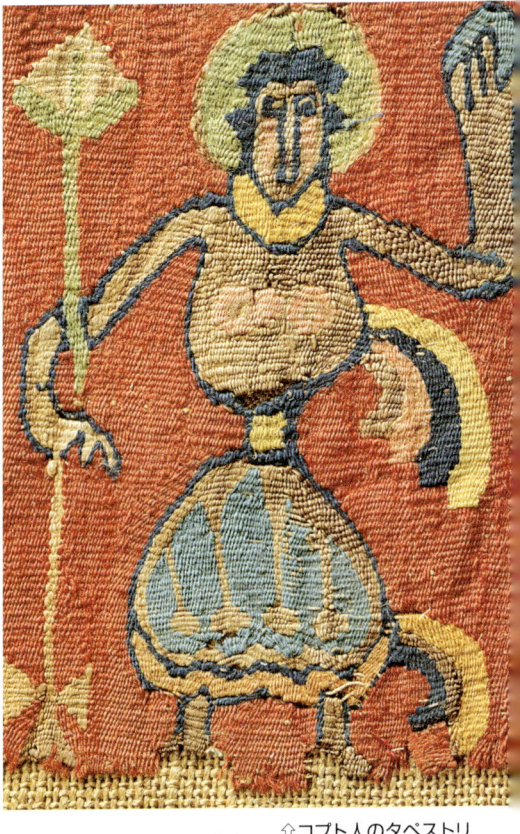

⇧コプト人のタペストリー——防染法による染色（バティック）の場合は別として、布の多色染めには高度な技術が必要とされる。したがって、古代にもっとも多くみられるのは、染色した糸で織りあげた布であった。

ウバン，酒石，鉄塩，尿など）の液であらかじめ布を処理しておく，媒染という作業がおこなわれる。最終的にどんな色に染まるかは，染料の性質だけでなく，媒染剤の性質によってもちがってくる。

ローマ時代の染色職人が，茜から赤色，モクセイソウから黄色，インディゴから青色の染料を得ていたことは，レーキ顔料を見ても明らかである。何人もの古代の著述家が，薬品として利用できる植物を挙げ，その一部に染料の特性があることもはっきりと述べている。しかし残念ながら，薬品として使われたにせよ染料として使われたにせよ，その事実を裏付ける考古学的な証拠はないに等しい。

⇩繊維の下処理とインディゴ染め——染色とは，繊維の表面に染料の分子を定着させることで，そのさい，なるべくしっかりと安定させることがのぞまれる。繊維と染料の組み合わせによって化学反応のしくみはそれぞれ異なる。古代，繊維には，タンパク質を主成分とする動物性の繊維（羊毛，絹，皮，羊皮紙など）と，セルロースからなる植物性の繊維（麻，亜麻，綿，パピルス，紙など）の２種類しかなかった。インディゴ染料の特性は，繊維に直接定着することで上に挙げた繊維のすべてに媒染剤なしで定着する。

赤紫色の染色

古代紫あるいは帝王紫などと称されることもあった赤紫色は，なかでも名高い染料のひとつであろう。ローマ皇帝が赤紫色の服をまとう権利を独占する何世紀も前から，この色はイスラエルやペルシアなどで最高権力と結びつけられていた。その理由はふたつある。まず，高価であること。そして何よりも，その美しさだ。ウィトルウィウスは，「もっとも高貴でもっとも見目に麗しい」この色が，地中海に生息するアクキガイ科の貝類から採れたものだと述べている。これは考古

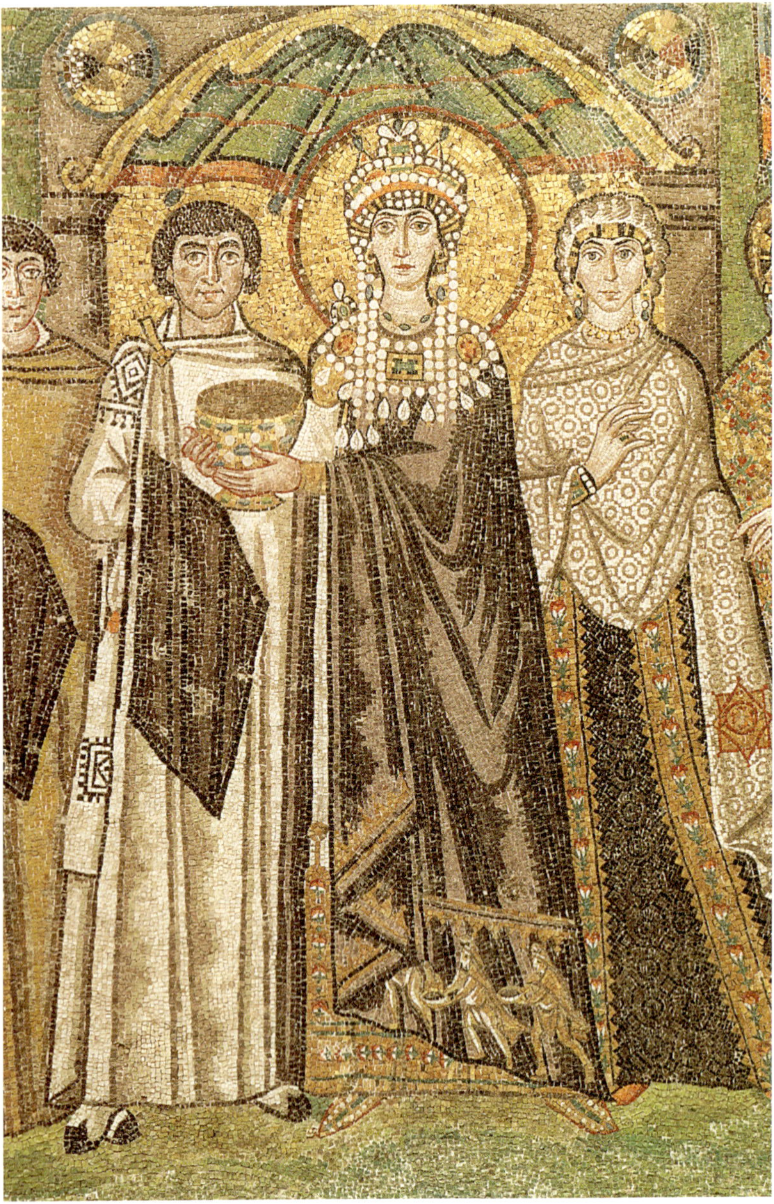

学的にも実証されており，驚くべき数の軟体動物が犠牲になったことも分かっている（1グラムの染料を得るために1万近い貝が必要だった）。文献からは，上流階級の人々がこの色に夢中になっていたこと，ローマの皇帝たちがこの色を独占しようと躍起になっていたことなども明らかになっている。皇帝ネロは，赤紫色の使用を禁じる命令に違反した者を死刑に処した。

　当時の手法は完全に解明されており，この染料の分子がインディゴのそれと似通っていることも分かっている。得られる色調は貝の種類によって異なる。地中海の北で採れたアクキガイから得られる色は，南で採れたものから得られる色とは異なっている，と述べたプリニウスの言も，これを裏づけている。また，染浴の手順によっても異なる色が得られ，産地の異なる赤紫染料2種類を使って染浴をおこなうこともあった。やがて，貴重な染料を節約するため，この2種類のうち1種類をケルメス（カイガラムシの1種を乾燥させたもの）やインディゴなどで代用するようになった。

　ローマ帝国の滅亡とともに，こういった手法の多くが失われてしまったが，壁画や色彩に対する関心は，帝国の崩壊後も脈々と受け継がれていった。カロリング朝時代やロマネスク時代の遺物のなかには，オーカー土やオーカー，緑土，さらにはエジプトブルーまでもが使われ続けていたことを示すものがある。しかしこれと同時に姿を見せ始めたのが，中世を特徴づけるきわめて鮮やかな色彩であった。

⇐皇后テオドラと侍女たち──ビザンティン帝国の時代も，赤紫色に染めた布を身につけることができるのは，皇帝の一族にかぎられていた。ラヴェンナのサン＝ヴィターレ聖堂には，側近を従えたユスティニアヌス帝と皇后テオドラの姿を描いたふたつのモザイク画（545年頃）がある。きわめて位の高い者だけが，赤紫色の帯をまとう権利を与えられていた。このモザイクに用いたテッセラ（彩色した立方体小片）を作るために使われた色材には，天然のもの（大理石，テオドラの首飾りに使われた螺鈿）もあれば，人工のもの（酸化金属で彩色したガラス）もあった。黄金のテッセラは，2枚のガラスに金箔をはさみ込んで作られている。モザイク画全体で，彩色を施されていないのはこの黄金のテッセラのみである。

⇩アクキガイ科の貝にはさまざまな種類がある。下は，地中海全域でよくみられるアクキガイの一種。

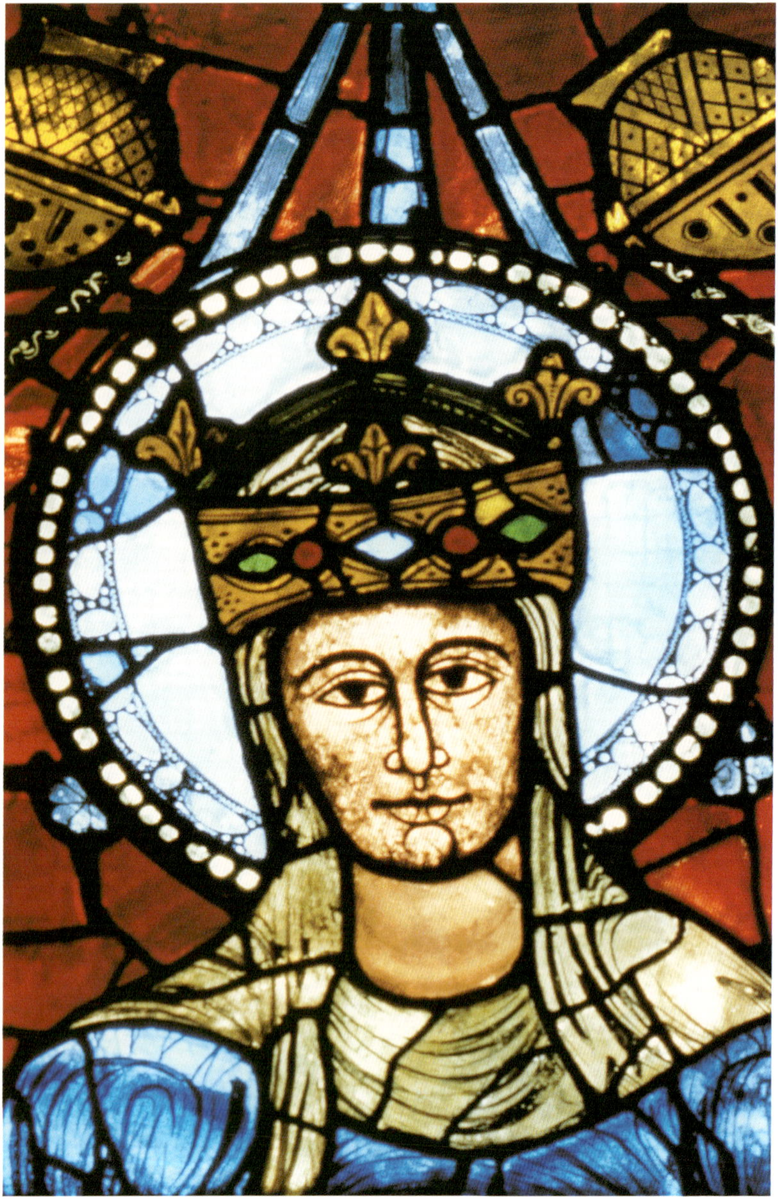

❖中世になると、使われる色彩は驚くほど豊かになった。古代から受け継がれた色材のほかにも、さまざまな顔料や染料が新たに使われるようになり、次第に主流となっていった。これらの色彩が、絵画に用いられるようになった新しい基底材(シュポール)にも、当時目覚ましい発展を遂げつつあった繊維産業にも適していたからである。そしてこの繊維産業の台頭に刺激され、新しい色彩の探求がいっそう活発になっていった。……………

第 2 章

中　世　の　色　彩

⇦シャルトル大聖堂のステンドグラス「美しき絵ガラスの聖母」

⇨織物商人──中世において、色鮮やかな布は贅沢品であった。宮廷の王侯貴族は豪商が輸入した布や染料を使い、紋章の色で彩られた衣装や装飾品を公の場で身につけた。紺碧もしくは青色(アジュール)、エメラルドグリーン、サフランの黄色、黄金色、緋色(グール)もしくは赤色、紫色(プルプル)、緑色(シノープル)、黒色(サーブル)（黒貂の毛皮の色）などの多彩な色が使われた。

新たな色材の数々

絵画の世界では、鉱物、植物、動物を原料とするさまざまな色材が登場し、しだいに古来の色材に取って代わっていった。中東からの輸入品である高価なラピスラズリの青が現れたことで、それまでローマ帝国全土で使われていたエジプトブルーは姿を消した。また、入手が困難になったアクキガイの古代紫に代わって、当時フォリウムと呼ばれていた植物のスミレ色やブラジルスオウの赤色などといった植物性の色材が使われるようになった。樹脂酸銅の緑が孔雀石や珪孔雀石の緑を押しのけ、使用に危険が伴う石黄に代わって鉛錫黄が使われるようになった。色材の変遷は、基底材(シュポール)の変化とも関連していた。パピルスに代わって徐々に羊皮や紙が使われるようになり、イーゼル画の登場とともに麻の画布が姿を現した。油ベースの結合材が広く用いられるようになったのも、この時代のことである。

染色業の発展は、この時代の技術的・経済的変化を反映している。技術面では、染色の技法に改良が重ねられ、あら

⇧『ケルズの書』——羊皮紙に文字や絵を描くには、壁や石棺に絵を描くのとはまったく異なる技が必要とされる。羊皮紙は、しなやかで耐久性があるものの高価な基底材(シュポール)であった。それを何枚も重ね合わせて綴じ、冊子の形(コデックスという)にした。中世には、これに多彩な装飾をほどこすこともあった。そのなかには現存しているものも多く、光にさらされることはなく色もしっかりと保たれている。『ケルズの書』などといった彩色写本は、きわめて貴重な品である。彩色写本の制作には、時に何年もの歳月がかかり、写本者や絵師の莫大な労力を要した。

ゆる種類の布を染めることができるようになったほか、鮮やかな発色が可能になった。しかも繊維産業は、この時代の経済を担う主力産業となっていた。それまでは中東から輸入するばかりだった色鮮やかな布も、ヨーロッパで独自に製造するようになったのである。染物は12世紀以降大いに普及し、染料の需要も消費量も増加の一途をたどった。

　色の等級も様変わりした。政治や経済、社会の状況が変化するにつれ、それぞれの色に与えられる意味も変わってきたのである。たとえば、それまで重要だった赤色に代わって、青色が優勢となった。

　この時代の絵師や染物職人が使っていた色材からは、こういったさまざまな変遷の歴史を読み取ることができる。

染色── 一筋縄ではいかない職人芸

　古くから、染色技術の多くは植物性の原料に依存してきた。不思議なことに、植物からは、緑色を除くほぼ全色の染料を得ることができるのである。とはいえ、植物由来の染料の多くは耐久性に欠け、すぐに色落ちしてしまう。したがって、彩色写本の挿絵の鮮やかさとは裏腹に、当時の庶民の装いはかなりくすんだ色合いであった。彼らの

⇩曲芸師──鮮やかな色彩が、生き生きとした人物表現に一役買っている。石黄は、写本装飾師の間でとくに珍重された顔料であった。粗めにすりつぶすと、画面にのばした時にその柱状の結晶が凝集して薄い層を成し、多量の光を反射するので、明るい黄色を出すことができる。また、これを青色と混ぜて作る緑色は、補色である赤色の鮮やかさを強める働きをした。

衣服は，何の染色も施されず生成や灰褐色のままか，森や荒野に育つ植物を使って染めてあった。たとえば，青色は桑の実やブルーベリーから，薄紫色は地衣類から，黄色はモクセイソウやエニシダ，メギから，赤色は野生の茜やスイバ，アルカンナから，茶色はクルミや栗から，黒色はウルシや没食子（ブナ科植物にタマバチ類の昆虫が産卵することでできる瘤）から得ていた。そのうえ，あまり効果のない媒染剤（植物の灰，発酵させた尿，酢など）を使っていたので，時間がたつと色あせてしまうことが多かった。

裕福な人々は，耐久性と耐光性にすぐれた，鮮やかな色彩を求めた。染色の質がすぐれていると，布の値段が10倍にはね上がることもあった。このため，染物業は重要な職業であった。

⇦ラシャ職人と染物職人（15世紀）——今日まで繊維に残る染料はごくわずかであり，科学分析に使える量がきわめて少ないため，昔の染物に使われていた染料の性質を，特定するのは困難である。また，天然染料の組成は，産地，抽出の手順，染色の方法によって異なる。また，染物の色が時とともに変わってしまった場合には，染料の組成も変化している可能性がある。黄色染料はとくに不安定であることで知られており，現在は青色に見える布も，本来は緑色だったかもしれない。

染物職人の等級

染物職人もほかの職業と同じくギルド制度をとっており、それぞれ別々のギルドを形成する、2つの等級に分かれていた。堅牢染めの職人と、二流の染物職人である。前者は、耐光性にすぐれた染料（茜やインディゴなど）と最高級の布のみを用い、高品質の染物を手がける職人たちによって結成されたギルドだ。このギルドはさらに、どの染料を用いる権利を有しているかによって細分化されていた。赤色をあつかう染物職人は黄色も担当し、青色をあつかう職人は緑色や黒色もあつかうことができた。

そして、この種の高級な染物には縁のない、数の上では多いが貧しい顧客を、二流の染物職人たちが分け合った。彼らは耐久性に劣る染料を使い、低品質の布を染めていた。

2つのギルド間で、あるいは同じギルド内で、軋轢が生じることは珍しくなかった。したがって染物職人のギルド規約には、各区分の職人が用いることのできる染料や媒染剤の種類や、その個々の性質が、事細かに記されていた。また、染色の前後に

⇦ベニバナの花（中央上）
↙クロウメモドキの実（右下）——古代から、あらゆる知識を包括的に記録することを目指した多数の学術的な文書がまとめられてきた。こういった文書から、土、石、金属などの鉱物、野生あるいは栽培種の植物、実在または想像上の動物が備える特性について、多くの情報を得ることができる。それぞれ形、大きさ、色、産地が記され、美術工芸や家事に応用可能なさまざまな特性についても記されている。例を挙げると、プリニウスの『博物誌』には、絵画に使用する色材と、これを鉱物から抽出する手順が列挙されている。また、抽出物を染料もしくは薬剤として利用できる植物に関する記述もみられる。たとえば、乾燥させたベニバナの花やクロウメモドキの実からは、染料を抽出することができると記されている。博物学的な著作は中世において重要な位置を占めており、なかでもとくに知られているのが、セビリアのイシドール、サン＝ヴィクトルのフーゴー、ボーヴェのヴァンサン、聖トマス・アクィナス、ロジャー・ベーコンなどの著作である。古代の文書をまとめたものであることが多く、当時の顔料や染料の製法を現代に伝えている。

布を洗う清水を順番に使うことができるよう，各ギルドについて水流の使用順が定められていた。

茜による染色

　色鮮やかな染物を使えるのは富裕層の特権であった。良質の染料や媒染剤はほとんど輸入に頼っていたからだ。しかし茜のおかげで，庶民も鮮やかで良質な赤色の染物を手に入れることができるようになった。茜は，フランスやロンバルディアやスペイン，シチリア島（ノール県，ノルマンディ，ラングドック）などで栽培されていた草本の一種 *Rubia tinctorium* であり，根の部分に赤色や黄色を出す数種類の染料成分が含まれている。乾燥させて粉砕器ですりつぶし，ペースト状あるいは粉末状にして売買した。ミョウバンで媒染をおこなうと，鮮やかな赤色に染めあがった。

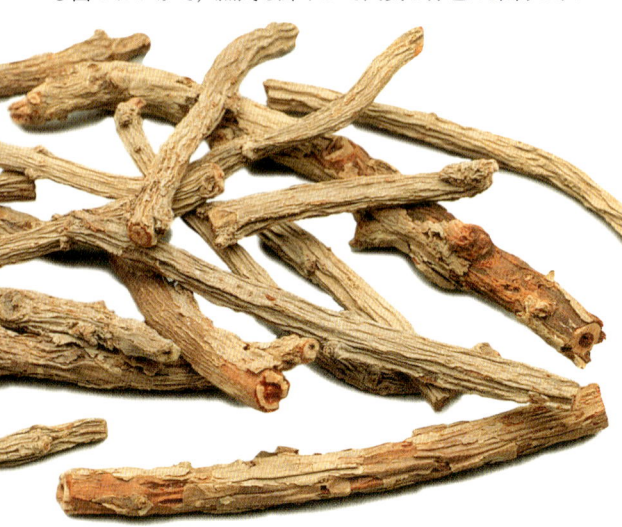

⇦⇧茜の根（左は乾燥させたもの）——茜染料はその赤色の根から採取され，毛織物の染色に使われた。多くの染料と同様，茜も染料としての性質だけでなく，薬品としての効能をも備えていた。紀元後1世紀にキリキアのアナザルバに生まれたギリシア人の医師，アナザルバのペダニウス・ディオスコリデスは，その著書『薬物誌』においてこう記している。「自生する野生のものもあれば，栽培されているものもある。この草本を植え栽培すると大いに役立つ。その根は細長くて赤く，利尿作用があるため，水で割った蜂蜜に入れて飲用すると，黄疸や坐骨神経痛，しびれにとてもよい。酢と混ぜて塗布すると，皮膚の白斑を取り除く効果がある」。

タイセイの青色

　同じく染料となる植物で，10世紀以降のヨーロッパ，とくにドイツのチューリンゲン地方や，フランス北部，アルザス，ノルマンディーで栽培されていたのが，青色染料の原料となるタイセイIsatis tinctoriaである。葉と茎の部分を収穫して

⇩茜の染物職人──茜を使って素材を赤色に染めるには，まず媒染剤（ミョウバンと酒石酸カリウムの溶液）に漬け込む。その後，茜の粉末を含む溶液を85℃まで熱し，2時間にわたって染浴をおこなう。

Les rouges ordinaires, appellez rouges-de Garence, seront teints avec Garence pure, sans aucun mélange de bois de Bresil, ny autres ingrediens.

⇦インディゴの染物職人、⇩球状に固めたタイセイの葉（コカーニュ）――インディゴによる染色は茜の赤色の場合とは異なり、染液を室温に近い温度（40℃前後）に保った槽内でおこなわれた。ところで、染色をおこなうには、絵具や染料の原料となる色素を植物から抽出できるというだけでは充分ではない。色素が変質しないよう適切に保存する方法を確立しない限り、実際にその色材を使用場所まで輸送したり、取引したりすることはできないのだ。染料となる抽出物の大半は、液体に溶かした状態ではほとんどもたず、光に当たったり空気中の酸素に触れたりするとすぐに変色してしまう。ラングドック地方のタイセイの葉を固めた「コカーニュ」は、古来の貴重な藍色染料を保存するすぐれた方法を示している。

洗い、乾燥し球状にして貯蔵した（これを「コック」あるいは「コカーニュ」と呼ぶ）。粉砕器ですりつぶした後に独特の方法で発酵させると、染料の前駆体が生じる。こうして生成された黒い粒状の物質がタイセイ染料であったが、当初この染料からは、薄く色あせた青色しか得ることができなかった。

　幸いにも12世紀末、タイセイ染料から鮮やかな青色を得る方法が発見され、裕福な貴族の顧客からも注目されるようになった。この方法で毛織物や絹織物を染めると、耐

光性にすぐれた上質な染め上がりを実現することができたのである。同時期に、タイセイの栽培地がフランス北部から南部のラングドック地方（アルビ，トゥールーズ，ベジエを結ぶ三角地帯）へと移り，これによってその後ラングドック地方は莫大な富を得ることになる。さらに，時を同じくして，色彩とその象徴的な意味に対する人々の感性が変化した結果，赤色がしだいに好まれなくなり，青色が重んじられるようになった。聖母マリアのマントやフランス王の衣服の色が，従来の赤色から青色に変わったのも，この時代のことである。茜をあつかう商人はこの流れをくつがえそうと試み，チューリンゲン地方では，教会のステンドグラスや壁画に登場する悪魔を青色で表現させるに及んだ。しかしこのような抵抗も結局は徒労に終わり，タイセイの青色はますますもてはやさ

⇩インディゴの塊（ベナレス産）——絵画や染色に用いられたインディゴの原産地を化学的分析によって判別するのは，産地の多さも手伝って，今のところ困難である。木藍が属するインディゴフェラ属の植物は300種類以上あり，インディゴの産地はアフリカやアジア，アメリカ大陸にまで散在している。その中でももっとも古くから知られ，珍重されていたのが，ベンガル産のインディゴであった。

インディゴが植物由来

Les bleus bruns feront faits les premiers, & dans la force du Pastel, & les plus clairs feront faits en diminuant, à mesure que le Pastel s'affoiblira par le travail.

れるようになった。とくにトゥールーズが産地として有名になり，現在も街に残る美しい邸宅の数々に当時の隆盛を見て取ることができる。

色彩を充実させた輸入品

　ブラジルスオウやコチニール（カイガラムシの一種）の赤色，ペルシアベリーやウコンの黄色，インディゴやラピスラズリの青色など，色材の大半は主としてインドやスンダ諸島，セイロンから輸入されていた。アラブ商人が現地でこれらを買いつけ，海路でホルムズまで送り届けると，そこからは隊商から隊商へと引き継がれ，アレクサンドリアやバグダッド，キプロス，ロドス島など地中海東部の諸港へと運ばれていった。そこで，イタリア各地の共和国（アマルフィ，ピサ，ジェノヴァ，ヴェネツィア）の商人がこれらを買いつけたのである。そうした主な輸入品の1つが，インディゴであった。木藍（きあい）か

の色材であることは，1世紀にはローマではまだ知られていなかった。そのためプリニウスは『博物誌』で，乾燥した塊状で当時輸入されていた「インディクム」（インディゴ）について，以下のようにまちがって述べている。「葦に付着する泡のまわりに堆積する泥土の一種。この色はすりつぶすと黒に見えるが，薄めると濃い紫に近い青色になる」。

ら抽出される染料で，得られる色合いは産地によって異なるが，おおかた紫がかった色であった。1228年にはすでに，もっとも名高かった「バグダッドの」インディゴが地中海東岸の諸港からマルセイユに輸入されていたことが分かっている。その後もインディゴ交易はどんどん盛んになっていった。

　もう1つの主な輸入品が，ミョウバン（硫酸アルミニウムカリウム）である。もっともすぐれた媒染剤として広く用いられ，毛織物産業には不可欠であった。その数少ない生産地は地中海沿岸にあり，ジェノヴァ人が鉱脈を開発していた。採掘されたミョウバンは，精製された後，ジェノヴァ共和国の地中海交易の主な拠点となっていたキオスに集められた。こうしてミョウバンの一大集散地となったキオスでは，当時大きな勢力を誇っていた金融会社（マオーナ・ディ・キオ）がその管理を一手に引き受け，価格を設定し，配送量を決定していた。そしてミョウバンはここから，ヴェネツィア，フィレンツェ，サウサンプトン，ブルージュなど，ヨーロッパ各地の主な毛織物産業拠点に送られていった。

絵画に使われた顔料

　中世の絵師が主に用いていたのは鉱物顔料であった。青色を出すにはラピスラズリや藍銅鉱が，緑色には緑青や緑土が使われた。また，イエローオーカーや石黄，鉛丹，朱，レッドオーカー，ブラックオーカー，鉛白なども用いられていた。

　絵師たちはまた，染色に使われるのと同じ色材を，彩色レーキ顔料という形で利用することもあった。レーキ顔料は，抽出物の染料成分を鉱物に定着させ，色材を不溶性とすることによって作られる。たとえば，ブラジルスオウの赤色染料はブラジルレーキ顔料として，ペル

⇩パレットに使われた貝殻——現在のところ，中世の遺跡で実施された考古学的調査では，絵師が使っていた材料はほとんど見つかっておらず，修道院に写字室があったことを実証できるような痕跡はさらに少ない。当時の写本装飾師や絵師が使っていた色材は耐久性に欠けるので，その痕跡も時とともに消えてしまったのであろう。したがって，顔料の入った貝殻が発掘現場で見つかるなどということは，異例中の異例なのである。アヴィニョン司教館の庭園や，ムアン=シュル=イエーヴルの城でおこなわれた調査では，そんな稀な幸運に恵まれた。後者の発掘で見つかったのが，絵師が使っていたこの貝殻である。なかに入っていたばら色の顔料は，辰砂の赤色と粘土の白を混ぜたものであることが確認されている。

シアベリーの黄色染料はスティル・ド・グレンと呼ばれる黄色のレーキ顔料として用いられた。言うまでもなく、インディゴの青色染料や、赤色やばら色など多種多様な茜レーキも用いられていた。

　入手可能な色の種類は9世紀から15世紀の間にぐんと増え、これに伴って絵画の技法にも著しい変化がみられた。古代から受け継がれてきた色のいくつかは使われなくなり、入手しやすい新しい顔料や染料が姿を現した。たとえば、ほと

⇧絵を描く乙女と顔料師
——顔料の調製は長時間にわたる細かい作業で、顔料は大理石の上で、乾燥、もしくは水を加えて　すりつぶされた。調製にもっとも手間がかかったのが、黒色顔料であった。フランス語の「黒をすりつぶす（暗い思いに沈むの意）」という表現は、ここから来ている。

んど手に入らなくなった古代紫に代わり、トウダイグサのスミレ色がかったばら色が使われるようになった。ルーアンの白やトロワの白、そして卵の殻や焼いた鳥の骨を原料とする白色顔料が使われるようになると、セリヌス土やエレトリア土は姿を消した。藍銅鉱(アジュライト)やラピスラズリの出現で、ポッツォーリなどで製造していたアレクサンドリアブルーは事実上使われなくなった。また、ベンガルからの輸入品であるインディゴがあまりにも手に入りにくかったため、タイセイの青色がしだいに重要な地位を占めるようになっていった。

⇧「貴婦人と一角獣」(6枚の連作のうちの「視覚」)——この6枚連作のタペストリーは、五感を主題とした作品である。中央に配されている「視覚」は、「聴覚」と並んでもっとも重要な感覚とされていた。視覚があるからこそ、人は離れたところからでも形や色彩を楽しみ、その変化に富んだ様相をはっきりととらえることができるのだ。

彩色写本──奇跡的に保存された絵画の数々

　書物の中にあって光に当たることがなかった写本装飾は、その大半が良好な状態で残っている。これは貴重な絵画作品の宝庫であり、1000年近くにわたってほぼ絶え間なく積み重ねられてきた財産といえよう。嗜好や時代精神がどのように移り変わっていったか、また、それにともなってどのように技法が変化していったかを、写本装飾から読み取ることができる。

　写本装飾は色材の歴史上、重要な役割を担っていた。壁画やその他建造物に描かれる絵画、ステンドグラス、刺繍作品、タペストリー、あるいは彩色彫刻など、さまざまな種類の美術作品の規範となったのが、写本装飾であった。12世紀の修道士テオフィルスの著書『さまざまの技能について』を見てもそれは明らかだ。そこには群青色の顔料や朱、緑青、鉛白を使って羊皮紙に絵を描く方法や、黄金のインクで文字を書く方法などが記されていると同時に、祭壇を赤く塗る方法、乗馬用の鞍の塗り方、壁画における衣服の描き方、そして人物の顔や眼、若者や老人の髪の描き分け方についても述べられているのである。

実験室での分析で明らかになった9世紀の色材

　9世紀にはすでにブラジルスオウやインディゴを中東から輸入していたことが、古文書資料から判明している。フランス北部のコルビー修道院の修道士たちは、国王からの正式な認可と庇護を受け、写本装飾に必要な石黄などを手に入れるべく、マルセイユ近くのフォスま

⇩アリマタヤのヨセフ（象牙彫刻に金メッキ）──金色は、単なる黄色とは似て非なるものである。それはあらゆる色の合一を表し、もっとも強い輝きを放つ。また、その光輝と永遠性から、特別な色として、至高の光、太陽の光、そして神の光になぞらえられた。金色を表現する方法を記した文書は数多くあり、アマルガムによる金メッキや、金色のインク、金箔張りなど、古い時代の技法も明らかになっている。たいていの場合、金はごく薄く、磨いた瑪瑙や狼の歯で表面をこすって輝きを出していた。

REX REGUM DOMINUS MUNDUM DICIONE GUBERNANS
IMPERII A SCEPTRUM REGNANS QUI IURE PERENNI
INMORTALI TENES C IMI NAM MULTA PARENTUM
LAXAS T IN CRUCE STI AE CUM FRENA LOCARAS
OMNIBUS R CO US SERVI SUPERAS TRA BEATAM
SPERARE IT ES IESU CHRISTE DEDISTI
DONIQUE ST DO CRIST D S PATRIS QUE TUI QUE
NUNC NOMER RI TE GLORIAM UNCTA STUPEBANT
SAECULA DUD M N ERT CE D CESTRA VRAMICA
SUMMI XPI CO EDU R NAT ITE CERENDUM HOC
PERIUS TAMQ T BO UA I D QOD TOLLERE LE CEM
ATQ DE CE T OT OMA CUS US UT VEXCOLAT ORBEM
NAM HOC F E N S TO DO CARDINE PRODIT
ORBS SCI I E AM CO TU L CAESARI SORET
AUGUSTO P RE E AL M IN LAUDE CORONA
NAM OP TI DEXTRA RIUS DIVINA PARET ARTE
STIPS IESU TUA DE T RIU M POSCIMUS OMNES
TAM ALM U S T S INE QUOD REGNE TUBIQUE
HAEC SI LI L NDUAT QUE I CATU CI RETAMICO
DUM ADFER TI RICA PLACITOS I C IPSA PARATUM
OPTEMUS NOS SEMPER AMI CUM Q EM PIE CHRISTUS
RETU TATU R UM ILLUST ACU LOP REMI TAS TE UR
FAS VELINI ILL PROTE RA T SI SCRIMINE DIRO
DEFENSOR ARTI SSE DE R C ON STRATA MANDUM
IUS ORNATU LA E A O S AL S OB TINET HAUS TU
O MEN E IT Q G A T U V IMPERIUM MANE T ORBE
EN REG NA GR M P RAG MUNERA DONAN T
ET PERSA D N CEQU E S S BO L SLAIN AMBIT
CENS PLEB S E A PROFA GOS IN N PLE DONAT
MUS AMVIV X TE DENS MANEA T SCUTU ET AMARE
SPEM EXS VI SCEPTRA TENENDO V DELO AT UBIQ
REM HAUS T DONE C SAECLA SUA D PELLI T A BARTE
QUAE FORMO S C R TENEBUNT TE LAN E PASSINT
ET SE DARE Q TERPA ESOL ID AND A PROTE RUIAM
QUAM EST SO ITUS PERMANE T IT AUCUS TO ILLE
TRANS FOR MA T RBIS CRIST CUM RATRI BUTA
IURE COLE ER O OM RE T ROP A NS D AT
QUAE HOC S N M EANS D ABORE
NEMPE TON ETQUE PROBE PEC TU A MARI
SIT TREMO ES TQUE BON A DI VINO MUN C FAMAE
PROFIC IT I IND EOR EM A DUM FRETUM NICITAC
SIC ABI CI T PORT C DAT ACS UMSE QI TURQ
HUNC TIBI NIMI NO DAT UMOS E MPER CAST QRI QC
CAESAR LA GEMO DO VIS UI VCAS TRAI NI I CLAST
TERRES SP M QE TI Q ORA LT INIMI CA CU CANS DAT
TU PLIUS E T C RATNI MIUM P RONUMROCATHA C CENS
ADVENIAM I RE A NI MUSNOBIS AD USS A PARENTIS
CONSCRIPSI DUDUM NAM CRISTI LAUDE LIBELLUM
VERSIBUS ET PROSATI BI QEM NUNC INDUPERATOR
OFFERO S CNCTE LIBENS CUIUS PRAECE D LTIMA ÇO
STANS ARMATA E I DEUICTORE M MONSTRAT UBIQUE

で足を運んでいた。そしてそのさい、パピルスと皮革も一緒に持ち帰っている。また、同じ時期に彼らが市場でインディゴを買い求めていたことも分かっている。ゲルマニアの重要な写本制作拠点であったフルダ修道院で9世紀半ばに制作された『聖なる十字架の称賛』の彩色装飾に使われていた色材の種類も、科学的分析によって明らかになった。

　まず、青色はインディゴあるいはラピスラズリから、緑色は樹脂酸銅から、黄色は石黄から得ていたことが分かった。赤色については、朱赤色は鉛丹、濃赤色はヘマタイト、赤紫色は当時フォリウムと呼ばれていた植物から得ていた。また、白を出すには鉛白を、赤茶色を出すには真鍮の粉末を使っていた。さらに、写本装飾師の技法や手腕も、分析から読み取ることができた。彼は、鉛白と混ぜることで色の明るさを増す技や、色のついたグラッシ（上塗り）をかけて透明感を出す技を身につけていた。緑青は変色のおそれがあるだけでなく、周りの色までも変えてしまったり羊皮紙を損なったりするため、使用を避けていた。石黄（硫化ヒ素）の使用が危険であることも知らないわけではなかったようだが、鮮明な色調を得るためならば仕方がない、と考えていたらしい。

　当時の製法を集めた資料の内容も、分析の結果とあらゆる点で符合している。こうした資料には、色材には可能な組み合わせと推奨されない組み合わせがあることが記されていた。あらゆる組み合わせについて念入りに実験を重ねたうえで、それぞれの成分の長所が相乗的に活かされ、欠点が相殺されるようにとの配慮のもとに、製法が考案されている。たとえば、緑青には松脂と瀝青(れきせい)を加えて安定させる、石黄はいかなる色とも混ぜてはならない、朱は茜レーキや麒麟血（竜血樹の幹からとれる）の赤と混ぜても問題がない、などである。また、顔料が分散して混ざってしまうのを防ぐために、「縁取り」、つまり別の色で輪郭をつける方法が用いられた。そしてもう1つ、上塗りをほどこして分散を防ぐ方法もあった。たとえば、朱によって彩色された赤色部分を、アラビアゴム

⇦ルイ1世とされる肖像（『聖なる十字架の称賛』）──色彩と文字とは常に、密接な関わりを保っていた。神殿の壁や墓石に刻まれ、あるいは絵具で記された古代の碑文は世界のあらゆる場所で見られる。このような文字と絵画との密接な結びつきは、中世の写本装飾にも見いだすことができる。そのもっともよい例がフルダ修道院長であったラバヌス・マウルスが9世紀初めに著した、聖なる十字架を讃えた詩、『聖なる十字架の称賛』だ。この作品を構成する形象詩の数々は、カリグラム（文字を象形的に配置して視覚に訴える手法）を思わせる形式で配置されている。

（次頁）『単純薬剤論』──植物や動物、鉱物の薬剤としての効能を述べたこの書物は、鉱物や生物に由来する物質の標本を、棚に並べた形で紹介している。これらの物質は薬としてだけでなく、絵具としても使えることが知られていた。たとえば、ここにはラピスラズリ（"la pierre de lazur"）と、アルメニア産の藍銅鉱（"ar(m)ene"）の、2種類の青色顔料がある。また、赤色顔料（ヘマタイト"hématite"）、白色顔料（鉛白"céruse"）、黒色顔料（"lapic domonio"）、緑礬（"dragantum"）も見て取れる。

| Lacta | Macis | Mastic | Muses | Mirabolans |

| Aymant | Jouspe | Pierre d'lin | Azene | Lemons | Espunge | Hyerre |

Laudage | La pierre de lazur | Marchazites

第2章 中世の色彩

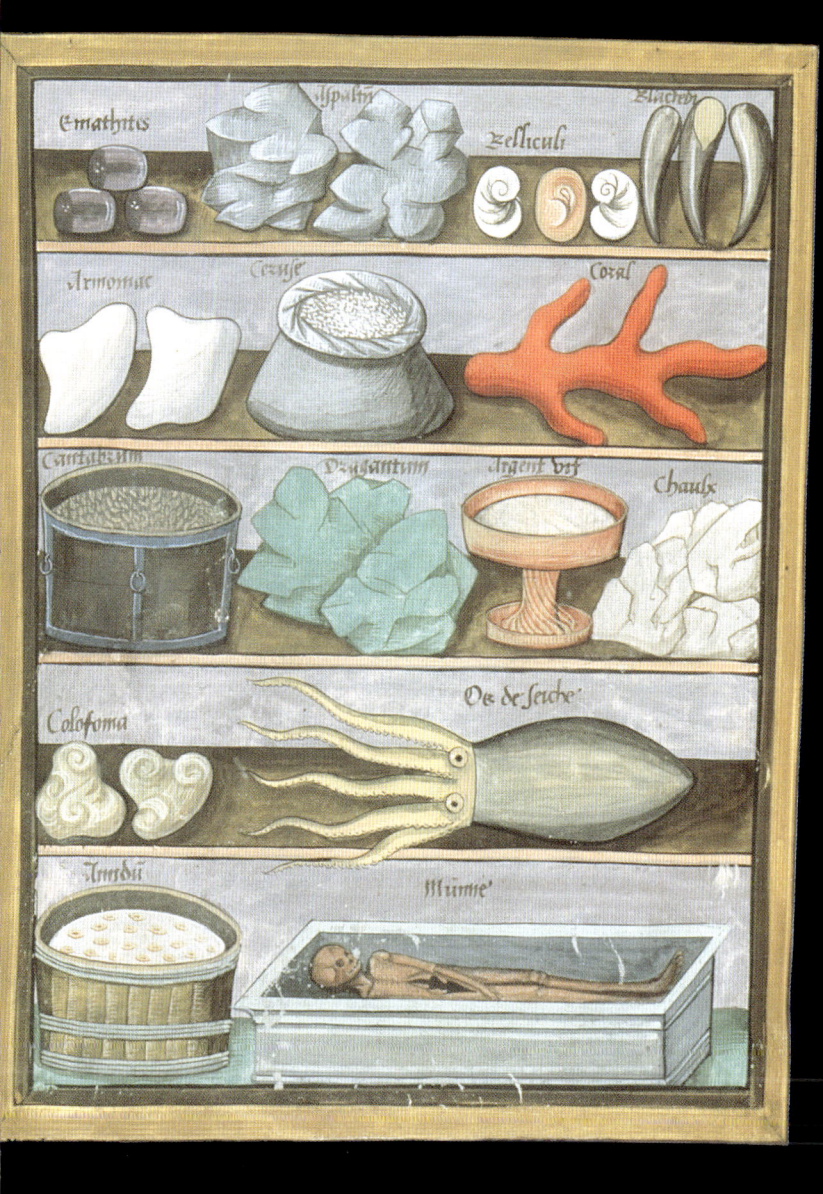

を含む茜レーキのグラッシで覆うと、アラビアゴムが成分の分散を防ぐ役割を果たす。同時に、仕上がりの色彩に輝きと透明感を与えることもできたのである。

　残念ながら、こういった製法や技法を実際に試してみるのは不可能である場合が多い。特定できない鉱物が使われていたり、時にはすでに絶滅したとみられる植物（たとえば、フォリウムがいかなる植物であるかははっきりしていない）が用いられていたりするためである。しかもこうした資料に、当時実際に用いられていた方法が記されているとはかぎらない。著者の多くは学者であり、ほとんどの場合、絵画や染色に関する実体験はなかったからだ。

錬金術師による貢献

　中世を通じてとくに珍重されたのはラピスラズリの青色で、藍銅鉱やインディゴもこれには及ばなかった。しかし、ラピスラズリから青色顔料を製造するのには、手間がかかった。

⇐辰砂の製造所（16世紀）
「絵画に使うミニウム［辰砂の赤色を指す］の調製に関しては、ディオスコリデスもウィトルウィウスも、洗ったあとに炉で焼くこととしている」。
　　　アグリコラ
　『ベルマヌス、あるいは
　　鉱山についての対話』
　　　　　　1530年

「ミニウムの採掘法と製法は興味深い。土から鉱塊を取り出し、これを加工してミニウムを得る。鉱塊は赤みがかった鉄のような色で、まわりに赤い粉末が付着している。採掘するとき、鶴嘴の衝撃で生じる無数の水銀の滴を採掘員がすぐさま集め、工房に鉱塊を持っていく。ただし、このときにはまだ鉱塊に多量の水分が含まれているので、炉の中に投げ入れて乾燥させる。炎の熱で生じた蒸気が炉の底に落ちてくると、水銀であることが分かる。＜中略＞　乾燥した鉱塊を鉄の臼で砕いてすりつぶし、その後繰返し洗浄と焙焼を行って異物を取り去ると、ついに顔料を得ることができる」。
　　　ウィトルウィウス
　　　『建築書』第7書

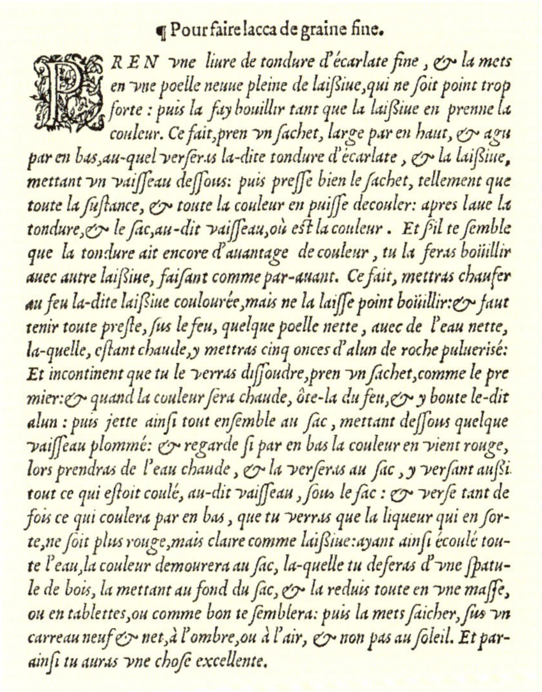

¶ Pour faire lacca de graine fine.

PREN vne liure de tondure d'écarlate fine, & la mets en vne poelle neuue pleine de laißiue, qui ne foit point trop forte : puis la fay bouillir tant que la laißiue en prenne la couleur. Ce fait, pren vn fachet, large par en haut, & agu par en bas, au-quel verferas la-dite tondure d'écarlate, & la laißiue, mettant vn vaißeau deßous : puis preße bien le fachet, tellement que toute la fuftance, & toute la couleur en puiße decouler : apres laue la tondure, & le fac, au-dit vaißeau, où eft la couleur. Et s'il te femble que la tondure ait encore d'auantage de couleur, tu la feras boüillir auec autre laißiue, faifant comme par-auant. Ce fait, mettras chaufer au feu la-dite laißiue coulourée, mais ne la laiße point boüillir : & faut tenir toute prefte, fus le feu, quelque poelle nette, auec de l'eau nette, la-quelle, eftant chaude, y mettras cinq onces d'alun de roche puluerifé : Et incontinent que tu le verras diſſoudre, pren vn fachet, comme le premier : & quand la couleur fera chaude, ôte-la du feu, & y boute le-dit alun : puis jette ainfi tout enfemble au fac, mettant deßous quelque vaißeau plommé : & regarde fi par en bas la couleur en vient rouge, lors prendras de l'eau chaude, & la verferas au fac, y verfant aufſi tout ce qui eftoit coulé, au-dit vaißeau, fous le fac : & verfe tant de fois ce qui coulera par en bas, que tu verras que la liqueur qui en forte, ne foit plus rouge, mais claire comme laißiue : ayant ainfi écoulé toute l'eau, la couleur demourera au fac, la-quelle tu deferas d'vne fpatule de bois, la mettant au fond du fac, & la reduis toute en vne maße, ou en tablettes, ou comme bon te femblera : puis la mets faicher, fus vn carreau neuf & net, à l'ombre, ou à l'air, & non pas au foleil. Et par-ainfi tu auras vne chofe excellente.

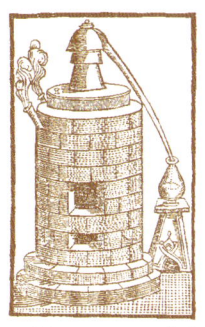

⇧蒸留⇩カーマイン色素──小さなカイガラムシ（ケルメス）や植物などに含まれる染料を抽出するには，湿式あるいは乾式での作業を連続しておこなわなければならない。漬け込み，煎出，蒸留（上），傾瀉あるいは沈殿，濾過，洗浄，乾燥といった過程である。医師が用いる蒸留器や水浴鍋，錬金術師が使うアタノールや昇華受器も，色材の調製に利用された。下に示したコチニール（カイガラムシ）由来のカーマイン色素のように，色材は乾燥させた後，ドロップのような小さな塊にして売買した。

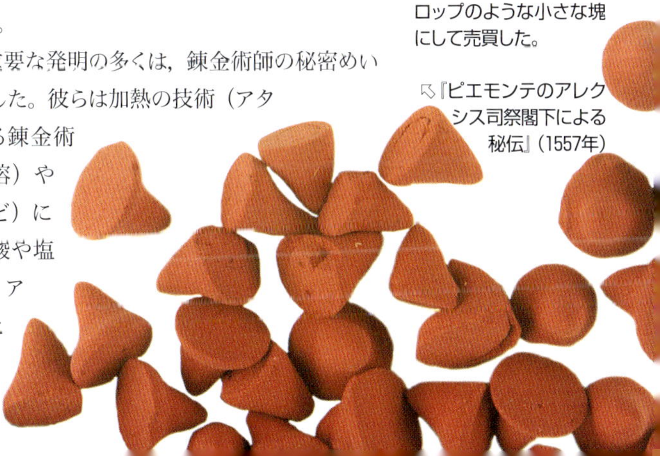

◁『ピエモンテのアレクシス司祭閣下による秘伝』（1557年）

石膏，樹脂，油，蝋の混合物を用意し，その表面特性を利用して不純物を取り除くのである。この製法の起源は明らかではないが，これを基本とするさまざまな製法が，数々の書物に記されている。

中世における重要な発明の多くは，錬金術師の秘密めいた実験室で誕生した。彼らは加熱の技術（アタノールと呼ばれる錬金術の炉，水浴，砂溶）や抽出法（蒸留など）に改良を加え，鉱酸や塩酸，硫酸，王水，アルコールなどといった物質

を新たに発見した。これらの発明は，化学の発展に大きく貢献したばかりか，色材製造の分野にも大変革をもたらした。たとえば，硫黄と水銀を化合させて朱を作り，硫黄とヒ素を化合させて石黄の色が出せるようになった。硫黄，錫，水銀を混ぜ合わせた「プルプリン」（モザイク金）という金色顔料も製造された。

また，この時代の絵師たちは，半透明の明るい緑色を新たに使い始めていた。樹脂酸銅である。酢酸銅，テレビン油，瀝青を混ぜ合わせて得られる色材で，従来の孔雀石よりもはるかにすぐれた顔料であった。

しかし，黄色顔料の問題はいまだに残っていた。当時はほぼ石黄しか使われていなかったが，これは入手困難な鉱物であったし，人工的に製造することもできたものの,使用には大変な危険が伴った。モクセイソウレーキなどの黄色レーキ顔料も使われていたが，こちらは耐光性に欠けていた。ところが14世紀初め，まったく新しい黄色顔料が北ヨーロッパで姿を現した。鉛錫酸塩である。石黄に似た鮮やかな黄色を出すことができただけでなく，ほかの顔料に対して化学的に中性であり，毒性もご

⇦ (p.63上) ピエロ・デッラ・フランチェスカ「シジスモンド・マラテスタの肖像」、(p.62上) その部分 ⇗ (p.62下) 鉛錫黄の拡大画像——絵画に使われた顔料を特定することで、画家がどのような技法を用いていたかを知ることができる。そのためには標本を採取して顕微鏡で見る必要があり、走査型電子顕微鏡を使った物理分析をすることが多い。こうして、絵具層に存在する化学物質（鉄や硫黄など）を特定し、その量を測定する。このような分析からきわめて貴重な情報が得られるのだが、その情報が不正確な場合もある。各元素がどのような構造をとって結合しているのかは、元素分析では明確にできないためである。古文書を参照した場合、その解釈が誤っているとさらなるまちがいを犯すこともある。その典型例が、15世紀に使われていた黄色顔料を特定しようと試みたケースであった。信頼性の高い分析で、さまざまな色調の黄色から鉛が検出された。当時の手引書に「マシコット」と呼ばれる黄色顔料の使用に関する記述があったこともあり、マシコットという黄色の酸化鉛を使っていたとする結論が下された。ところが、その後X線回折で分析すると、これが鉛錫酸塩であったことが分かった。(左下、拡大400倍)

くわずかであった。15世紀の絵画や彩色写本にはすでに使われていたことが分かっている。また、ラピスラズリの青色と混ぜ合わせて緑色を作り出すのに用いられたこともあった。

15世紀の色彩

15世紀に入ると、絵画や染色の技法にめざましい進歩がみられた。絵画の世界では、遠近感や質感の演出に色彩を活用するようになった。たとえば、金色やスミレ色の線で影をつけることで赤色や緑色に揺らめきを与え、明青色を暗青色と対比させて色調の濃淡によって遠近感を出す。そして、

063

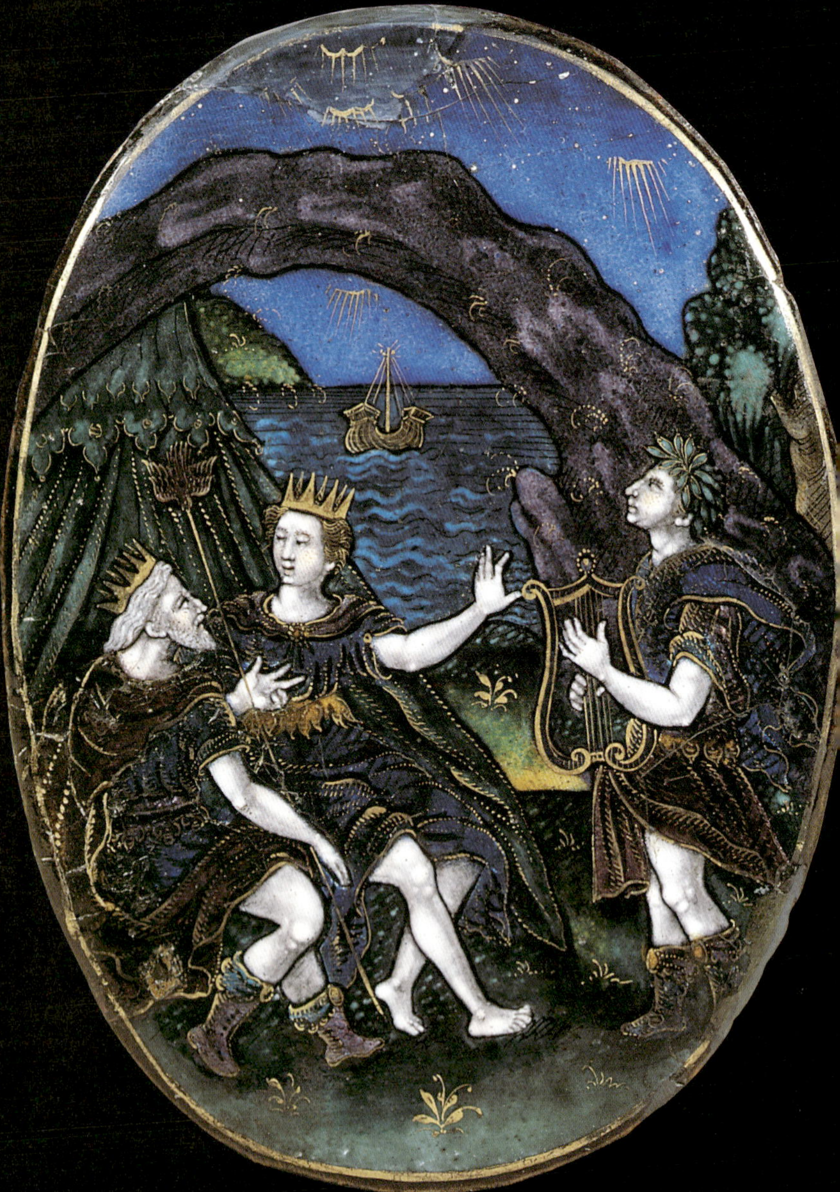

七宝細工

リムーザン地方の七宝細工をはじめとする中世の「火の芸術」は、ローマ時代の知識や技術を受け継いでいた。そのつながりは深く、当時の七宝細工の一部はローマ時代のテッセラをもとに作られたとの説があったほどだ。七宝とは、シリカとアルカリ性融剤(ナトリウムまたはカリウム)を混合し融解させることで得られる、不透明な着色ガラスを指す。リムーザン地方の七宝細工では、13世紀まで、古代のガラス製法と同様、ナトリウムを主成分とする融剤を使っていた。着色するには、酸化金属を少々加える。緑色や淡青色を出すには酸化銅、濃青色には酸化コバルト、黄色には酸化アンチモンと酸化錫、赤色には酸化鉄または酸化銅、白色には酸化錫が用いられた。七宝細工師は、こうして作られたさまざまな着色ガラスを粉末状にし、素地である銅板に刻み込まれたくぼみに置くか(エマイユ・シャンルヴェ)、あるいは仕切りで区切った中に置いた(エマイユ・クロワゾネ)。約900℃で熱すると硬い七宝ができ、これを磨きあげてつややかに輝く色彩を出した。右頁:リモージュのエマイユ シャンルヴェ(12世紀末)。左頁:レオナール・リモザンの手になるエマイユ絵(16世紀)。

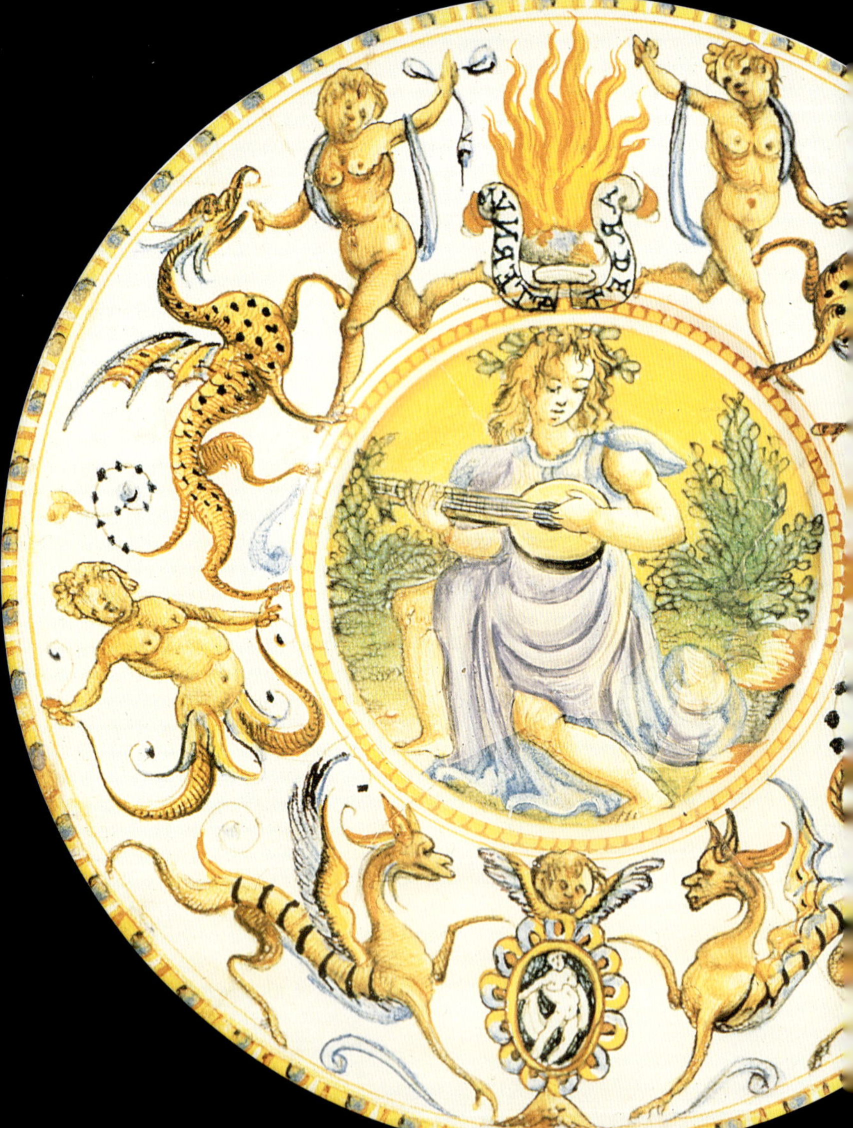

施釉陶器の絵付

　陶器の絵付には独特の難しさがある。彩色する時点では、最終的にどんな色に仕上がるかは想像を働かせるしかない。焼成した後には、絵付けの時点では黒かったコバルトが濃青色に、酸化鉛や酸化アンチモンを主成分とするばら色の粉末が輝くような黄色に、そして酸化マンガンの黒色がスミレ色に変わることを、絵付師は頭に入れた上で作業をする。とはいえ、これらの変化が確実に起こるとはかぎらない。焼成の温度が高すぎたり、何らかの不純物が混入したりすると、期待はすぐ裏切られる。白、赤、そして鮮やかなばら色は、とくに発色が難しい色であった。銅から得られる緑は鮮やかだがあつかいにくく、右頁上の皿のように全体に広がってしまう傾向があった。16世紀のイタリアのファエンツァやウルビーノでは、絵付師が色彩を思いのままに使いこなし、黄色やオレンジ色、あるいは波打つような背景の青色を、見事な白の釉薬の上に自由に描き出すことができるようになっていた。このすぐれた技術はその後、マントヴァ公ゴンザーガ家により、フランスのヌヴェールへと伝えられた。
（左頁）ウルビーノの皿（右頁下）ウルビーノの壺。（右頁上）ボーヴェの皿

銀(コロイダルシルバー)の灰色を利用して、甲冑の金属光沢や窓のガラスの質感を表現していた。

このような技法の洗練を物語る例として、1407年頃にパリの工房で制作されたと考えられている『ブシコー元帥の時祷書』の豪華な写本装飾を挙げることができる。これを制作した絵師は、細心の注意を払い、最高品質の多種多様な顔料を使っていた。ラピスラズリの青色を3種類(粒子の大きさが異なる)、さらにインディゴの青色も用いていた。色の濃淡を利用して光と陰の効果を出そうとしたのも、注目すべき点である。さまざまな色合いを出すために、植物性のレーキ顔料も用いている。たとえば、赤色のブラジルスオウレーキで朱を覆うことで炎を生き生きと描き出し、ラピスラズリの青色に赤色のレーキ顔料を重ねてばら色に近いスミレ色を出している。金箔にも、ブラジルスオウの赤色や樹脂酸銅の緑色などの半透明色を重ねて、その輝きを意のままに加減している。また、銀の表面にも半透明の黄色レーキや緑色レーキをほどこして、色合いを調節している。

もう1つの例を挙げよう。1456年前後、フィレンツェのアントニオ・デル・チエリコでは、ストラボン『世界地誌』の彩色写本を手がけた絵師は、緑には樹脂酸銅を用い、またイエローオーカーや、赤色を出すための朱、ばら色を出すためのケルメスレーキも用いていた。そして何よりも、ラピスラズリと藍銅鉱の2種類の青色を重ねて使っていたことは、後にイタリアルネッサンスの画家たちが用いるようになった技法を先取りするものとして注目される。

⇧⇨『ブシコー元帥の時祷書』とその部分——15世紀に制作された豪華な写本の数々は、君主や貴族、あるいは熱心な美術愛好家のために制作され、偉大な絵師の手になる絵画で装飾がほどこされた。

第2章 中世の色彩

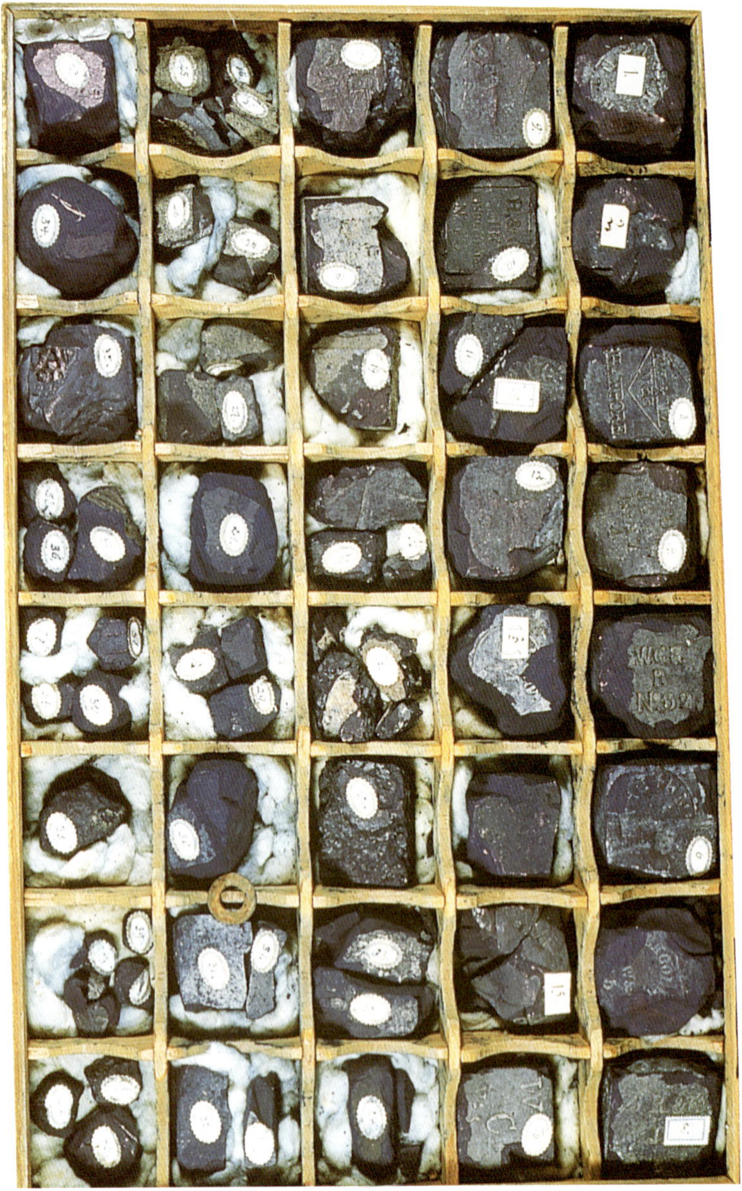

❖16世紀，生活水準が向上すると，色材の需要が急激に高まった。色材交易の様相は一変し，各国は輸入染料の産地を支配しようと試みるようになる。17世紀から18世紀にかけて起こった科学技術の進歩によって，顔料や染料の種類が一段と豊富になると同時に，製造方法にも改良が重ねられ，生産量は著しく増大した。…………………………………

第 3 章

需要と供給の爆発的増加

⇦さまざまな産地のインディゴ塊サンプルを集めた箱（1756年）。

⇨色見本皿──色材製造業が飛躍的に発展したことで，新たな課題を解決する必要が生じた。磁器に彩色するさいに色の調和をはかるにはどうすべきか，という問題である。解決策として，国立セーヴル製陶所では右のような色見本を使用していた。こういった色見本が，後に色相図へと発展していくことになる。

15世紀，重大な変化がいくつも起こり，古来の交易路は大きな打撃を受けた。世界情勢の推移や大航海時代の到来など複数の要因が重なり，「仲介者」が排除されていくことになる。

キリスト教と密接に結びついたミョウバン産業

15世紀半ば，トルコが勢力を拡大すると，各地のミョウバン鉱山での採掘は次第に難しくなっていった。重税が課され，しかも課税額はつり上がる一方で，キオスのマオーナはついに活動停止を余儀なくされ，トルコがその事業を継承することになった。ヨーロッパの毛織物産業は深刻なミョウバン不足に悩まされ，ミョウバンの価格は5倍にはね上がった。このような状況の中，1462年にチヴィタヴェッキア近くの教皇領トルファで，ミョウバンを豊富に産出する鉱脈が発見されたのである。教皇ピウス2世は，全キリスト教国のミョウバン市場を独占しようと考え，この鉱脈の開発を精力的に推し進める一方で，トルコ産ミョウバンの輸入を全面的に禁止した。得られた利益は，トルコへの遠征資金に充てられることとなった。こうしてヨーロッパのキリスト教国は17世紀末まで，ローマ産ミョウバンしか購入できない状況におかれたが，幸いにもその品質はすぐれていた。

トルファ鉱山では，賃借料を払って採掘権を得るという方式で採掘がおこなわれており，この利権を得ることは，ミョウバンの独占的販売権を得ることを意味した。莫大な利益が約束されているこの利権をめぐって，フィレンツェやジェノヴァの財閥間では熾烈な争いが繰り広げられた。この争いに

↑ミョウバン鉱山――硫酸，アルミナ，カリウムの化合物であるミョウバンには，ロッカ産，イエメン産，ローマ産など，種類がいくつかある。この物質は古くから知られており，古代インドなどですでに用いられていた。15世紀以前にミョウバン製造がおこなわれていたのはコンスタンティノープル，アレッポ，ロッカのみで，交易のうえではすべてロッカ産とされていた。15世紀半ば頃，中東を旅し，ロッカにしばらく滞在した経験を持つ，あるジェノヴァの商人が，イスキア島にヨーロッパ初のミョウバン工場を設立した。

勝利した幸運な者の筆頭に挙げられるのがメディチ家である。当時イタリア一の豪商と目されていたアゴスティーノ・キージも勝利者の1人であった。

当初はイタリアの船団が、アントワープ、ルーアン、ロンドンに向けて輸出をおこなっていた。しかし1566年以降は、イギリスやオランダ、フランスの船団がチヴィタヴェッキアまでやって来ておのおのミョウバンを積み込み、ロンドンやルーアン、マルセイユ、そしてオランダ各地の都市へと運んでいくようになった。18世紀になると、イギリス・ヨークシャー地方産のミョウバンやリエージュ産の人工ミョウバンなどの安価な商品が現れ、ローマ産ミョウバンは厳しい競争を強いられるようになった。

大きな賭け──東インド諸国との交易

大航海時代におこなわれた壮大な探検の数々は、インド、スンダ諸島、セイロン、中国、日本などといった香辛料や染料の産地に、仲介者を経ることなく到達できるよう、新しい航路を開くことを目的としていた。航海は帰港までに約2年

⇩アラブの商人（『東方見聞録』写本画）──ジェノヴァやフィレンツェの毛織物を中東に運んだ船が、その帰りに母国までミョウバンを持ち帰った。ミョウバンは重い物質なので、輸送費用が購入価格の約16%と高くつくという欠点があった。また、安価で手に入れられるミョウバンを運べるだけ買ったとしても、往路の積荷を売って得た金があまってしまい、全額を投資することができない。そこで交易船は、香辛料、インディゴ、珍しい染料植物、絹織物など、軽いが付加価値の高い商品を一緒に積むことで、この問題を解決した。

と長期間にわたり，しかも危険に満ちていた。加えて，すでに各地に定着している商人の社会から反感を買うことも覚悟しなければならなかったが，その代わり，莫大な利益が得られた。それまでヴェネツィア人などが手がけていた伝統的な交易でも，大きな利益は得られていたのだが，それでもやはりこの新しい形の交易にははるかに及ばなかった。新旧交代劇は急激に起こった。1504年，ヴェネツィアの船団がいつもどおり，仕入先である中東の港に到着したところ，買うべき品物が何もなくなっていた。古くからこの地での交易を取り仕切ってきたアラブ商人が，ヴァスコ・ダ・ガマとカブラルのポルトガルによって排除されてしまっていたのだ。1000トン級の武装帆船を擁し，武力の上で優位に立ったポルトガルは，ホルムズやマラッカをはじめとするアラブ人の交易拠点を征服し，イスラム商人の船団を壊滅させたのだった。従来どおりに陸路で輸入をおこなうことができなくなると，ヴェネツィアは，762年にカリフに反旗を翻したメディナへの経済制裁として埋め立てられていた，スエズ地方の「信者の王の運河」を再開する計画まで検討したが，実現には至らなかった。

⇩コチニールを収穫するメキシコ先住民——彼らはウチワサボテンに寄生する産卵前のコチニールを，鳥の羽根を使って集めていた。これを乾燥させると，赤色染料となる「グラナ」(上)が得られる。主成分はカルミン酸で，茜に含まれる染料成分と同じアントラキノン系に属する。

■コチニールの深紅

アメリカ大陸の発見で，市場はさらに激変した。とくに様変わりしたのが，赤色染料の市場である。コチニールはある種の植物に寄生する昆虫で，さまざまな色合いの見事な赤色染料を抽出することができ

る。洗ってもなかなか色落ちせず，耐光性にもすぐれた染料で，その鮮やかな緋色は，最高品質の毛織物や絹織物にのみ使われていたのだが，ついに教皇のお墨付きまで得ることになった。ヨーロッパで古代紫が手に入らなくなったことを受け，教皇パウルス2世は1467年，従来はアクキガイで染めていた枢機卿の法衣を，コチニールで染めることを決めたのである。

コチニールの産地は多数あった。なかでもアルメニアのアララト山地方は産出量が多く（8世紀以来），その一部はヴェネツィアやジェノヴァ，マルセイユなどといったヨーロッパの諸都市に輸出されていた。南仏やスペインではコチニールのことをケルメスと呼んでおり，周辺の乾燥地帯に散在する低木林でこれを採取するのは，女性や子どもたちの仕事であった。北ヨーロッパでは，ハンザ同盟の諸港を経由してオランダやフランドルへと運ばれてくる，ポーランド産のコチニールを使っていた。このうちの一部は，陸路でヴェネツィアやフィレンツェへも送られていた。また，モンペリエやヴェネツィアでは，アラブ商人を通じてインドシナ半島やビルマのラックカイガラムシも入手していた。こうして，交易の中心となる大都市には，産地を異にするさまざまなコチニールが集まった。そのうえ，コチニール染料の化学構造は独特で，さまざまな媒

↓教皇レオ10世と甥の枢機卿（ラファエロ作）——この絵では，教皇は古代紫に近い深紅の衣を身にまとっている。画家として，また建築家としてヴァチカンで活躍したラファエロが，その才能のすべてをかけて目指したのは，古代への情熱と，自身が生きている現在の栄華を表現するという願いを，結びつけることであった。この古代紫の衣は，ローマ帝国の皇帝の衣を模したもので，時代を超えた教皇の栄光を力強くうたいあげている。

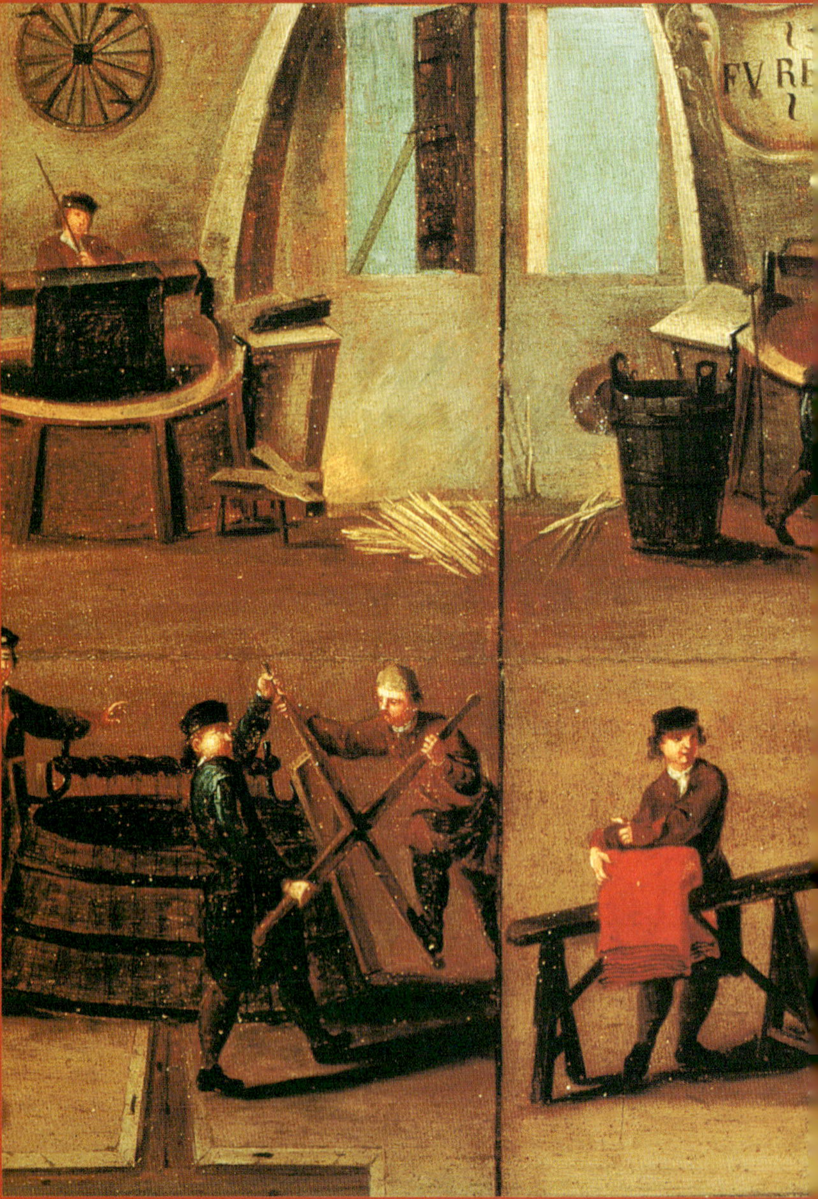

第3章　需要と供給の爆発的増加

染剤との組み合わせによって、多種多様な色調の赤色を出すことができるのだった。染物職人は可能な限り多くの色合いを出そうと試み、コチニール染料の人気は高まるばかりであった。

しかし、繁栄を極めたこの産業も、突然の激変に見舞われた。アメリカ大陸産のコチニールが大量に輸入されるようになったのだ。メキシコに到達したスペイン人は、コチニールを飼育する目的でウチワサボテン栽培がおこなわれているのを目にして、直ちにコチニール養殖産業の開発を進め、生産した染料（種子を意味する「グラナ」と呼ばれた）を母国に輸出したのである。

1560年、金銀とコチニールを積んだ船団がセビーリャに到着し、約115トンの「グラナ」を陸揚げした。セビーリャは、ヨーロッパのキリスト教国におけるコチニール輸入の中継基地となった。コチニールの鮮やかな緋色はヨーロッパ全土で大流行し、この色の毛織物やビロードが熱狂的なまでに好まれた。ルイ14世はそんな流行を先頭に立って取り入れ、ヴェルサイユ宮殿の壁も家具も、たちまち深紅のダマスク織で覆われることになった。

⇩色材保存用の豚の膀胱──17世紀の色材で、調製せずにそのまま使用できるものは、まれであった。色材の調製に使う品は食料品雑貨商があつかっていたが、ラピスラズリや辰砂をはじめとした輸入色材など高価な品も多く、模造品も珍しくなかった。そのため多くの技法書では、本物と偽物とを見分ける方法を解説している。色材はペースト状、パンのような塊状、ドロップや小石のような形状、あるいは乾燥させて塊状に固めた状態で販売された。クロウメモドキから採れる緑色「樹液緑」など、とくに不安定な色材は、光に当たらないよう豚の膀胱に入れて保存されていた。
（前頁）ヴェネツィアの染物職人（18世紀）

¶ Pour faire du verd, bon pour ecrire, & pour paindre.

PREN verdet, et le detrempe seul en vin-aigre, et le passe par vn linge, et le broye tre-bien sus le porphyre auec de l'eau claire, et y mets, en le broyant, vn peu de miel, et le laisse bien saicher: puis broyeras de rechef tre-bien auec eau gomée, & sera fait.

絵画技法の進歩

16世紀以降、色材の用途は壁画、イーゼル画、彩色彫刻、あるいは道具への絵付けと多岐にわたっていたが、どんな場

合でも色材は、新しく開発された基底材(シュポール)や絵画技法に適したものでなければならなかった。カンバス枠に亜麻布を張って使う、丁寧に地塗り（インプリマトゥーラ）を施す、油を使った結合材やエマルジョンベースの結合材（テンペラ画法）を用いる、ニスを使って明暗効果を長持ちさせる——こうした新しい技法に応じて色材を選ぶ必要が生じたのである。たとえば、亜麻仁油やケシ油を使うと、多くの色が半透明になり、卵白や皮膠を使った場合とは異なる視覚的効果が得られる。

⇧リッケルト「自画像」（1638年）——17世紀の画家たちは中世と変わらず、パレットに色を置く直前に色材を調製しなければならなかった。多くの場合は助手がいて、顔料を適切な大きさにすりつぶして下ごしらえをしたり、結合材を使って顔料をしっかりと混ぜ合わせたりする作業を担当した。

しかし鉛白は例外で，不透明のまま被覆力を保ち，しかも亜麻仁油を部分的に酸化させることで絵具層の乾燥を促す効果も発揮する。また，コチニールレーキやブラジルスオウレーキのグラッシをかけると，色の見え方を変化させると同時に，微妙な奥行きの効果を出すこともできた。

　この時代の画家たちは，技法だけでなく作品の永続性にも気を配るようになり，耐久性に欠ける色材は使わなくなった。好まれていたのは，鉛白，辰砂の赤，レッドオーカーやイエローオーカー，ラピスラズリの青，鉛錫黄，緑青あるいは混色による緑色，褐色や黒色の土性顔料であった。とはいえこれらの色材も，鮮やかさに欠けていたり，入手が困難であったりと，それぞれに何らかの大きな欠点を抱えていた。

錬金術の成果

　錬金術師たちは，17世紀に入ってもなお活発に研究を続けており，とくに色材や媒染剤に関する分野では重要な発見が相次いでいた。1610年頃，オランダ人のドレッベルは，緋色の染色に使う媒染剤として塩化錫を用いる方法を普及させた。

　1688年には錬金術師のカシウスが，陶芸やガラス工芸などで使う，スミレ色に近いばら色の色材を発明した。金，錫，塩素から生成され，微細なコロイド状の構造をしたこの色材は，カシウスの紫という名で広く知られるようになった。さらに，ディースバッハとディッペルがベルリンにおいて，着色力が強い濃青色の色材を偶然発見した。プルシアンブルーと名付けられたこの色材は大変な評判を呼び，1710年には製造が開始された。ヨーロッパ中の化学者がプルシアンブルーの製法を独自に再現しようと試み，類似した色材が数多く作られるようになった。そしてついに，ウッドワードが1725年に，次いでマッケーが1749年に，製法を一段と簡略化することに成功した。そのほかにも類似した色材として，パリ

⇧化学の実験室──1763年に出版された『百科全書』図版集分冊の中に，化学に関する図版を集めた章があるが，その冒頭を飾ったのが，実験室の様子を示したこの図版である。加熱や蒸留，焼成をおこなうための器具やかまどなど，当時使われていた道具の数々が見て取れる。化学はこの後，疑似科学から真の意味での科学，そして実用科学へと発展を遂げていく。来たるべき進化を予感させる図版である。

⇨プルシアンブルーを入れた瓶

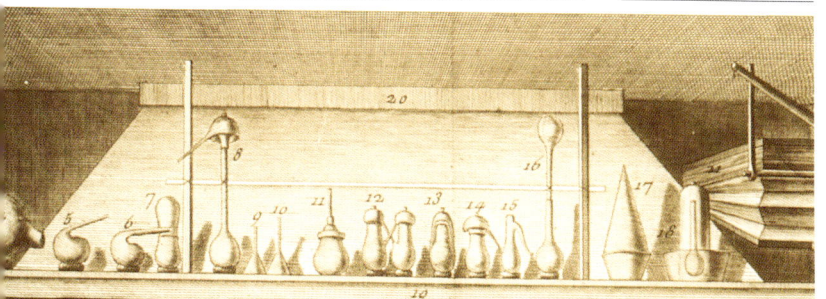

ブルーやアントワープブルーなどが誕生した。これらはプルシアンブルーの強い着色力を利用して，白色の鉱物を大量に加えて青色を定着させた顔料である。

化学者の役割

18世紀は，光学，植物学，鉱物学など，数々の学術分野で著しい発展がみられた世紀である。

しかし，もっとも目覚ましい発展を遂げたのは化学の分野だと言って差し支えないだろう。18世紀には，新しい元素や化合物の発見が相次いだ。コバルト（1742年），窒素，マンガン，塩素（1774年），タングステン（1781年），ジャベル水（1777年）などだ。化学はついに，錬金術や不正確な理論の数々が渾然一体となった混沌たる状況を脱し，大きな一歩

Pl. VIII

Fig. 1.

Fig. 2.

Radel del.   Benard Fecit.

国立ゴブラン織工場における染色

　ディドロとダランベールの『百科全書』は、古代以来の知識を集大成する伝統に連なる書物である。さまざまな「技術」を述べるにあたっては、版画による図版集もあわせて出版された。たとえば「染色の技術」の項では、織物の染色工場で回転軸のついた槽を操作する様子（左頁上）、ゴブラン織工場の内部と織物の洗浄作業（右頁上）、工場に隣接するビエーヴル川の流水を利用して染色後に織物を洗浄する作業（左頁下）、そして絹織物の染色工場の様子（右頁下）などが描かれている。右頁下の図版では、これからまさにかせ糸を染浴に入れようとするところが描かれている。手前のほうでは染工が腰を下ろし、染色作業に使う木を削っている。ゴブラン兄弟の織物工房は1450年にパリで創設されて以来、つねに毛織物染めの最高峰であり続けた。多彩な色調その特徴で、ル＝ブランがデザインした下絵に基づいて織物を製作するにあたっては、80種もの色合いが用いられたという。ゴブラン織工房は1667年に王立工場となった。

を踏み出したのである。この進歩は、スウェーデンのシェーレ、イギリスのカヴェンディシュやプリーストリ、化学反応の研究に質量計測を導入したラヴォアジエなど、実験の才にあふれた化学者たちに負うところが大きかった。その後、学者たちの関心は徐々に応用研究へと移っていき、フランスのベルトレ、ヴォクラン、シャプタル、シュヴルール、英国のドールトンやデーヴィなどといった化学者たちが、新しい顔料や染料の探求に熱中した。

ベルトレは1791年、『染色法入門』を発表した。化学者であるシュヴルールは1824年、染織芸術の最高峰である国立ゴブラン織工場の染織部門監督官に任命され、その幅広い知識を活かして、染色技法の理解に努めた。その後次第に研究対象を色彩の知覚へと広げていき、ついには後に彼の名が冠されることになる色彩対比の法則を確立するに至った。

化学者による貢献はこれにとどまらない。人工ミョウバンの生産規模を拡大し、ローマ産ミョウバンの独占状態を脅かす存在にまで押し上げたのも、化学者が挙げた成果の1つであった。シャプタルは1781年からモンペリエの工場でミョウバンの製造を開始した。そのほかリエージュにもミョウバン工場が設立されていた。それでもなお、最高級品とされていたのは、ローマ産ミョウバンであった。純度が高いからなのか、それとも何か特別な物質が含まれているからなのだろうか。製造業者が抱くこうした疑問に答えようと、多くの化学者が比較分析に取り組んだ。その結果判明した唯一の相違点は鉄の含有量で、これが染め上がりの色合いを左右することが分かった。

⇩ジョルジュ・ド・ラ・トゥール「ダイヤのエースを持ついかさま師」(部分)——絵画において光を表現するためには、鮮やかな黄色の顔料が不可欠だ。18世紀半ばまで、この重要な役割を担っていたのは鉛錫黄であった。やがて鉛錫黄は使われなくなり、代わってナポリ黄が姿を現した。現代の分析技術を用いることで、顔料や結合材を特定し、貴重な情報を得ることができる。たとえば、19世紀に使われるようになったクロムイエローがそれ以前の絵画から検出された場合は、その絵が修復されたものであるか、複製、あるいは偽作であるということが分かる。

⇐顔料についての覚え書き(ジョージ・フィールド『顔料についての実例と逸話』より)

⇩インディアンイエローの塊——淡彩画や水彩画に使う色材は,水を使って簡単にのばせるだけでなく,むらが生じず,しかも半透明性を維持するものできなくてはならない。トラガカントゴムを加えると,色の輝きが増すだけでなく,絵具が紙に定着しやすくなる。淡水画や水彩画には,プルシアンブルー,酢酸銅の海緑色,最高級のオーカー,シエナ土,赤色レーキ顔料,セピアの褐色(イカが分泌する色素だが,しばしば煤で代用された)などがよく使われた。黄色を出すには,鮮やかな色合いのインディアンイエローも使われていた。牛にマンゴーの葉を食べさせ,その尿を濃縮して作られたインド産の珍しい色材である。19世紀になると新たに,クロム酸亜鉛を主成分とする黄色顔料が現れた。

化学者たちによる新たな黄色顔料の探求

　17世紀,イタリアでアンチモン酸鉛由来の黄色顔料の製法が開発され,この色はナポリ黄(ネープルスイエロー)と名付けられた。当初はヴェスヴィオ山に産するアンチモンを含む鉱物から生成していたが,やがてアンチモン,カリウム,鉛,海塩を混合し,るつぼで融解させて人工的に製造するようになった。1770年頃になって,シェーレがリサージ(酸化鉛)と海塩,水酸化ナトリウムの混合物を焼成して鮮やかな黄色のオキシ塩化鉛を作り出し,これを顔料として使うことを提案した。1780年には,実業家ターナーがイギリスで,

オキシ塩化鉛の製法の特許を取得し,「パテントイエロー」の名で売り出した。シャプタルもやがて,モンペリエの工場でこの顔料の生産を始める。

クロムイエローのケースも,この時代を象徴する典型的な例といえる。1765年,赤橙色の鉱物がウラル山脈で発見され,「シベリアの紅鉛鉱」と名付けられた。1797年,フランス人化学者ヴォクランによる分析で,この鉱物に新種の金属が含まれていることが分かり,多種多様な色の化合物を生じるその珍しい性質から,クロム(ギリシア語で「色」の意)と名付けられた。なかでもクロム酸鉛は鮮やかな美しい黄色を呈するので,ヴォクランはすぐに,これは顔料として高い利用価値があると考えた。クロムイエローは被覆力にすぐれ,製造も容易であった。ついに理想の黄色顔料が現れたのである。

しかしクロムを産出するシベリアはあまりにも遠い。ほかにクロムを手に入れるすべはないものかと,ナポレオンが1804年にフランス領内で大規模な調査をおこなったところ,ヴァール県で「クロム鉄鉱」の鉱床が発見された。1816年,ヴォクランの弟子クルツが,初のクロムベース顔料製造工場をロンドンに設立した。次いで1822年,マンチェスターにも工場が設立された。有名な「イングリッシュグリーン」は,プルシアンブルーとクロムイエローの混合色である。フランスでは1818年にジュベールが,壁紙の彩色に使うクロムイエローとクロムグリーンを製造する最初の工場をミュルーズに設立した。パリで色材製造工場を営んでいたミロリは,1840年頃,プルシアンブルー,クロムイエロー,硫化バリウム(白)をもとに,「ミロリグリーン」と呼ばれる何種類かの緑色顔料を作り出した。

実験室から実業界へ——工場主となった学者たち

クロムイエローの生産が展開された19世紀前半には,ほかにも数多くの色材の工業生産が開始され,次第に拡大して

⇩壁紙の印刷——フランスでは,17世紀に壁紙が誕生すると,たちまち大流行した。その図柄や配色は,中東から輸入された豪華な布を模したものであった。初めの頃は1枚ずつ木版に重ねて図柄を刷っていたが,やがて工程が改良され,ロール状にした長さ10メートルの紙に,スタンプのように木版を押さえつけて図柄を刷るようになった。1760年のパリでは,30棟を超える工場でビロード風やダマスク織風の壁紙が製造され,一大ブームとなっていた。

いった。バーガンディバイオレット,ウルトラマリンバイオレット,ウルトラマリンブルー,コバルトブルー,クロムグリーン,クロムレッド,シェーレグリーン,エメラルドグリーン,マルスイエロー,マルスオレンジ,マルスレッド,亜鉛華（ジンクホワイト），そして絵画の地塗りに使われる鉛白などである。こうした色材の生産拡大には,化学者たちが大いに貢献した。

壁紙はもともと取替え可能な装飾として生まれたので,巨匠の絵画と比べて色彩の耐久性が劣っていても,とくに差支えがなかった。図柄は糊を使って印刷し,色材も安価で使いやすいものを用いた。多くは植物由来の色材で,モクセイソウやスティル＝ド＝グレンのレーキ,茜やブラジルスオウの赤色,インディゴ,ログウッドなどである。また,銅とヒ素を主成分とする,毒性のある緑色も使われた。

新たな顔料を発見するだけでは飽き足らず、これを大量生産する方法の開発をも試み、時には自身の発見の成果から利益を得ようと、自ら企業を設立することもあった。たとえば化学者のクールトワは、1781年ディジョンで初めて亜鉛華の製造をおこなったが、残念ながら、期待したほどの成功には至らなかった。画家たちの間では、危険性を伴うものの、亜鉛華よりも安価で被覆力が強く、使用しやすい鉛白（塩基性炭酸鉛）が、なおも好まれていたのである。当時、鉛白の大半は外国で生産されていた。イギリスやオランダの工場では、いわゆる「オランダ法」で製造をおこなっていた。鉛の薄板を酢の蒸気に当て、その後炭酸ガスと反応させる方法である。一方ドイツでは、鉛白を黒ずませる可能性のある硫黄質の蒸気が発散するのを防ぐ、別の方法が用いられていた。こうして生産された純度の高い「クレムス白」は、質の高い色材として評判を呼び、高級な装飾品の彩色や、画家向けの上質の絵具としてのみ用いられた。当時フランスにはまだ鉛白の工場がなかったが、1801年に化学者テナールが、オランダ法よりも容易かつ安価な製法を考案し、フランス国内で

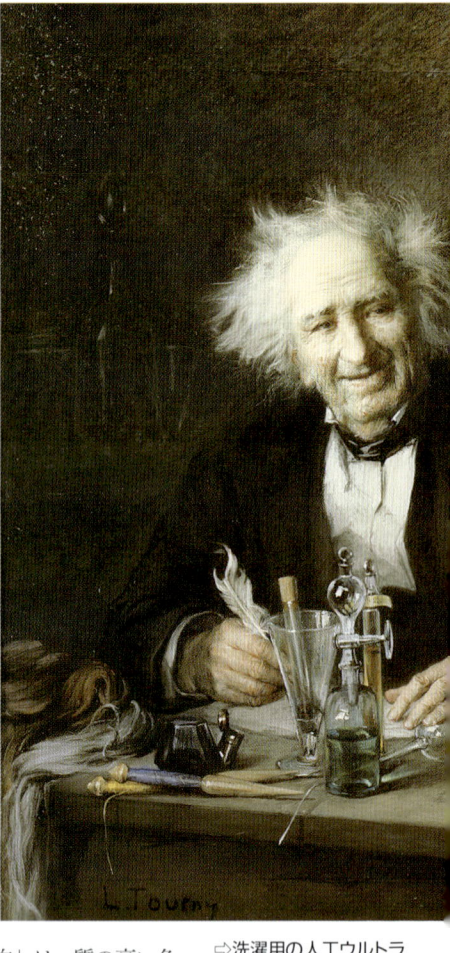

⇨洗濯用の人工ウルトラマリンがはいった箱——ギメブルー（人工ウルトラマリン）の価格は1キロ当たり3フランで、天然ウルトラマリンの1000分の1であった。主に製紙産業や洗濯物の漂白に用いる青味剤として、この顔料を売り出したのである。

088

の鉛白の工業生産を開始した。この数年後，ギメが人工ウルトラマリンを発明し，自身の工場でこの新しい青色顔料の製造を開始した後，ドイツへと生産を拡大させ，成功を収めた。同じ頃リールではフレデリック・クールマンが，化学製品や色材を製造する大規模な工場を運営しており，硫酸，硝酸，多くの顔料の調製に体質顔料として使われる「ブランフィクス」（硫酸バリウム）などを大量生産していたほか，塩化銅を主成分とする人工の緑色顔料「クールマングリーン」の生産もおこなっていた。これは化学者でもあったクールマンが自ら発明した色材である。彼の色材事業は，再編を経て現在も存続している。

▷シュヴルールの肖像
⇦羊毛で作られた色相環
――油脂化学の先駆者シュヴルールは，色彩に関するさまざまな分野の研究も手がけた。国立ゴブラン織工場の染織部門監督官を務めていた彼は，織物の下絵を描く画家たちに，要望どおりの色合いに羊毛を染めてほしいと要求されて頭を悩ませていた。そこで，必ず調和する色の組み合わせを特定し，これを理論化して，つねにその色合いが得られるようにすることを目標に定めた。色彩を特徴づける要素（色相，明度，彩度）の研究を開始し，さまざまな色の関係を色相環という形で具体的に定義しただけでなく，色彩を正確に検証し，調整できるよう，色彩測定の尺度を開発したのである。色を並べたさいの見え方に関するシュヴルールの「色彩対比の法則」は，点描で有名なスーラなどの画家に影響を与えた。

（p.88左下）世界初の測色計――上に述べた目標を果たすためにシュヴルールが開発した。ゴブラン織工場にある彼のアトリエに保管されていた。

染色工業と綿布の捺染

あらゆる分野で，新しい製造方法の開発が進められた。その多くはイギリスやドイツ，オランダでおこなわれていたが，なかにはフランスに工場を設立しようとする者もいた。産業はほとんど発達していなかったが，出資者は多く，しかもさまざまな分野の応用科学研究が進んでいたので，工場設立には有利な地であると考えたのだ。実際，デュ＝フェ，エロー，マッケーなどの化学者たちが染色技術の改良に取り組み，理論化を進めただけでなく，実際の技術の進歩にも貢献していた。こういった進歩を最大限に利用して富を得た人物として挙げられるのが，捺染布（模様染めの布）の工業生産で大成功したオーベルカンプやオスマンである。

オーベルカンプは，バイエルン地方の染物職人の息子として生まれた。当時，フランスは捺染綿布を生産しておらず，

⇧ジュイ＝アン＝ジョサス工場（1807年）——まさに野中の工場といった趣である。この絵はオーベルカンプ（絵の右下の人物）から，ジュイ工場で製造する布の図柄デザインを数多く請負っていた，J＝B・ユエの手になるものだ。建物（事務所，店舗，漂白所，研究所，荷馬車置き場など）は，整然と配置されている。捺染（模様染め）の工房は，左手に見える大きな建物にあった。奥のほうの乾燥場に布がかかっているのが見える。野原では，太陽の光に当てて漂白するため，工員たちが捺染ずみの布を広げている。

第3章 需要と供給の爆発的増加

しかも自国の繊維産業に悪影響が及ぶことをおそれ、イギリスやスイス、ドイツからの輸入綿布に重い関税を課していた。そこで、オーベルカンプはフランス国内の捺染綿布市場を開拓しようと考え、1759年、ビエーヴル川にほど近いジュイに小さな工場を設立した。製織工程を改善し、木版やローラ

↓捺染綿布（古文書にある方法で再現した布）——捺染綿布はかつて中東から輸入されており、長い間インド更紗あるいはペルシア更紗などと呼ばれて親しまれてきた（下図）。18世紀には、木版捺染、つまり図柄を浮き彫りにした木版を使って捺染がおこなわれていたが、1801年にオーベルカンプが初めて、シリンダー型の銅の凹版を使って捺染をおこなうことに成功する。この発明で捺染のスピードがぐんと上がり、色の数も増した。使用する道具に関係なく、基本となる方法は共通している。まず布の決まった位置に、ゴムを加えて適切な濃度にした媒染剤を捺染する。そして、これを染浴に入れるのである。染料は媒染剤を施した箇所に定着する。ほかの部分についた色はしっかりとは定着していないので、水で洗ったり、左の絵のように野原に広げて太陽光に当てたりして色を落としていく。

ーを使った捺染技法の改良を重ね、捺染綿布の製造に必要な機械を作り上げたのである。ジュイ工場は目覚ましい成功を収め、1000人もの労働者を擁するまでになり、これを受けて人口1500人のジュイ＝アン＝ジョサス村が開かれたほどであった。こうして富を得たオーベルカンプは、自身の工場のさらなる改良を目指して、調査のためにあらゆる国へ人を送り込んだ。しかし、1815年の対仏大同盟によるナポレオンの壊走をきっかけにジュイ工場は衰退し、その後立ち直ることはなかった。一方、当初ルーアンで染物業を営んでいたオスマンは、アルザス地方のロフェルバックに拠点を移していた。ベルトレが発見した塩素漂白を採用し、数々の新しい媒染剤を発明し、「インド赤」の製法に改良を加えることに成功して、ほどなくフランス随一の染物業者としての地位を確立したのである。オスマンが布地捺染の技術に新たな道を開いたことで、アルザス地方に名声と富がもたらされたのみならず、フランス各地の捺染工場も飛躍的な発展を遂げることとなった。

18世紀にはまた、生産量の著しい増加に伴い、染料製造工場や染織工場の合理化が進められ、機械化が実現された。サン＝ドマング（現在のハイチ）島に建設されたインディゴ工場もその一例である。

↓ミョウバン媒染について書かれた書物(1838年)——19世紀の染色に関する書物には、実際に染色を施した布のサンプルが添えられていることが多かった。なかには数百ものサンプルが入っている書物もあり、当時使われていた色材やその他の材料に関する情報をふんだんに得ることができる。

インディゴ貿易の隆盛

　インディゴが，最初はポルトガル，次いでオランダによってヨーロッパに大量輸入されるようになると，同じ青色染料であるタイセイの産出国は，政令や法律を次々と発布して自国のタイセイ産業を保護しようとした。しかし，染め上がりの品質にあまりにも差がありすぎて，そうした試みはすべて徒労に終わり，結局はインディゴ染めが主流となっていく。

　タイセイの生産者たちが破産に追い込まれていく一方で，インディゴ市場は実入りが良く，しかも今後も桁外れの拡大が期待できるとあって，スペイン，フランス，イギリスはそれぞれのアメリカ大陸の植民地（グァテマラやメキシコ）で，インディゴの原料となる木藍栽培を推し進めていった。

　サン＝ドマング島やグアデループ島で生産されたインディ

⇩捺染綿布の工場（1835年頃）──捺染綿布産業は機械化されていった。オーベルカンプのローラー型捺染機はその後，マンチェスターの工場主たちの手で改良が加えられた。浮き彫りを施したシリンダー型木版と，同じくシリンダー型の銅の凹版とを組み合わせて一体化させた，新しい装置が開発された。使われる染料も一新され，とくに黄色染料の変化は顕著であった。モクセイソウに代わって，徐々にハグマノキや，アメリカ産のアナットーやアメリカクロガシなどが使われるようになった。

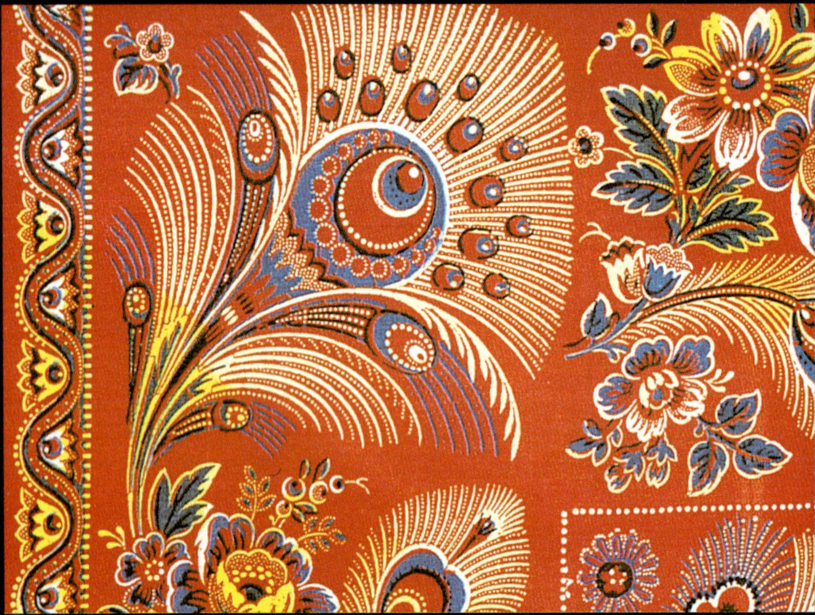

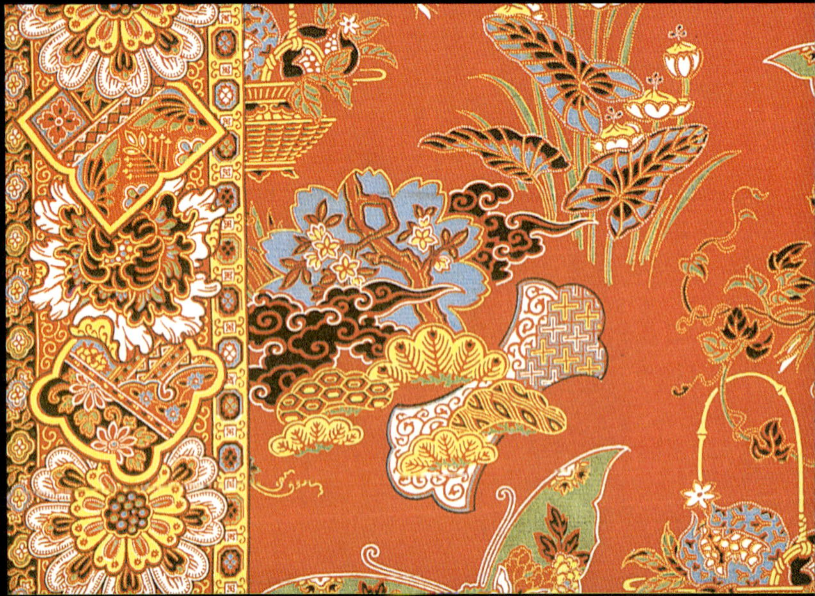

綿布の茜染め

　茜染料で毛織物を染めるのは比較的容易である。しかし，植物由来の布の茜染めについては，17世紀にいたるまで，唯一インドだけが，綿布を赤色に染める技術をもっていた。そこで，17世紀末にフランスでも綿布が広く使われるようになると，インド赤（トルコ赤とも呼ばれていた）の秘密を突き止めることにやっきとなった。色の染色には，何段階にもわたる手間が必要だった。油脂や排泄物を使って繊維を発酵させては，空気に当てて乾燥させる，という工程を繰り返した後，媒染剤であるミョウバンをほどこす。そして茜染料に牛の血を混ぜ，布を入れて染浴をおこなった。茜の栽培は，ヨーロッパでは長い間おこなわれていなかったが，1750年ごろにアルザスやヴネスク伯爵領で再開され，莫大な富をもたらした。ルーアンの町は1750年，スミルナ出身のギリシア人の染物職人を呼び寄せ，ヨーロッパで初めてトルコ赤を製造した。こうして誕生した「ルーアン織」は大好評を博し，赤色の染色はその後フランス全土に普及した。アルザ人で繊維産業を営んでいたケクランは，この赤色の上から黒色を捺染し，その後塩素で還元抜染をおこなって白色を出す方法を開発した。

ゴはまず，フランスの大西洋岸諸港に届き，そこからマルセイユへと運ばれていった。マルセイユは依然としてインディゴ交易の中継基地として機能していたが，物流の方向は輸入から輸出へと逆転した。商品はここから，イタリアやスイス，そして，かつての輸入元である地中海東部（スミルナ，アレッポ，コンスタンティノープル，テサロニケ，エジプト）へ輸出されていった。取引量は莫大で，1764年から1775年までの取引量を平均すると1年当たり2万トンに及び，色材として当時どれほどインディゴが普及していたかを物語っている。1771年，サン＝ドマング島からボルドーに輸入されたインディゴの量は1800トンにのぼり，砂糖などを含むアンティル諸島からの他の輸入品をすべて合わせてもインディゴの金額には届かないほどであった。莫大な利益をもたらすインディゴ貿易は，アメリカの独立戦争などをものともせずにフランス革命まで続けられた。

インディゴ貿易を支配したイギリス

フランスのインディゴ輸入額が1年当たり3000万フランにのぼっていた1806年，ナポレオンが大陸封鎖を実行した。しかし，大陸軍兵士60万人分の軍服を染めるには，150トンものインディゴが必要だった。色あせも色落ちもしにくく，しかも安価なインディゴ染料の代わりに，いったい何を使ったら良いというのか。

ナポレオンは，フランス全土でタイセイ栽培を復興させようと考えた。こうして1811年，1万4000ヘクタールもの土地でタイセイ栽培が再開された。化学者も発明家も，タイセイからできる限りのインジゴシン染料を抽出しようと躍起になった。「価格，活用法，鮮やかさ，安定性の面でインディゴに代わることができ，摩擦や水洗いに強く均一，鮮明かつ安定した色を出せる染料成分を，フランスに生育し栽培の容易な植物から抽出する方法を発見した者」には，2万5000

「かつては闇の中に葬り去られていたこの分野〔染色の技法〕を明るみへと引き出し，科学者や染物職人がさらなる発見を重ねて技術を磨いていけるよう，道を整えたことについて，私は感謝されるべきだと自負している。この技術は有益であるにもかかわらず，ほとんど理解されていないように思われるのだ」J・エローの著作，序文から引用

⇩エローの著作（上），シャプタルの著作（下）

フランの賞金が約束されていたのだ。

　残念ながら、再び平和が訪れると、タイセイ産業の復興話も立ち消えになってしまった。イギリスはインドでのインディゴ生産を拡大し、世界最大の生産地にまで押し上げた。しかし、ベンガル地方のように単一栽培がおこなわれたところでは、飢饉や叛乱（インディゴ紛争、1860年〜67年）が避けられなかった。

⇧ペルーにおけるインディゴ染め——布をインディゴの槽に浸した後、余分な水気を切って空気に当てると、1〜2分程度で藍色に染め上がる。どんな槽を使っていても、槽から出したばかりの布は必ず緑色をしている。空気にさらされて、徐々に藍色に変わっていくのである。

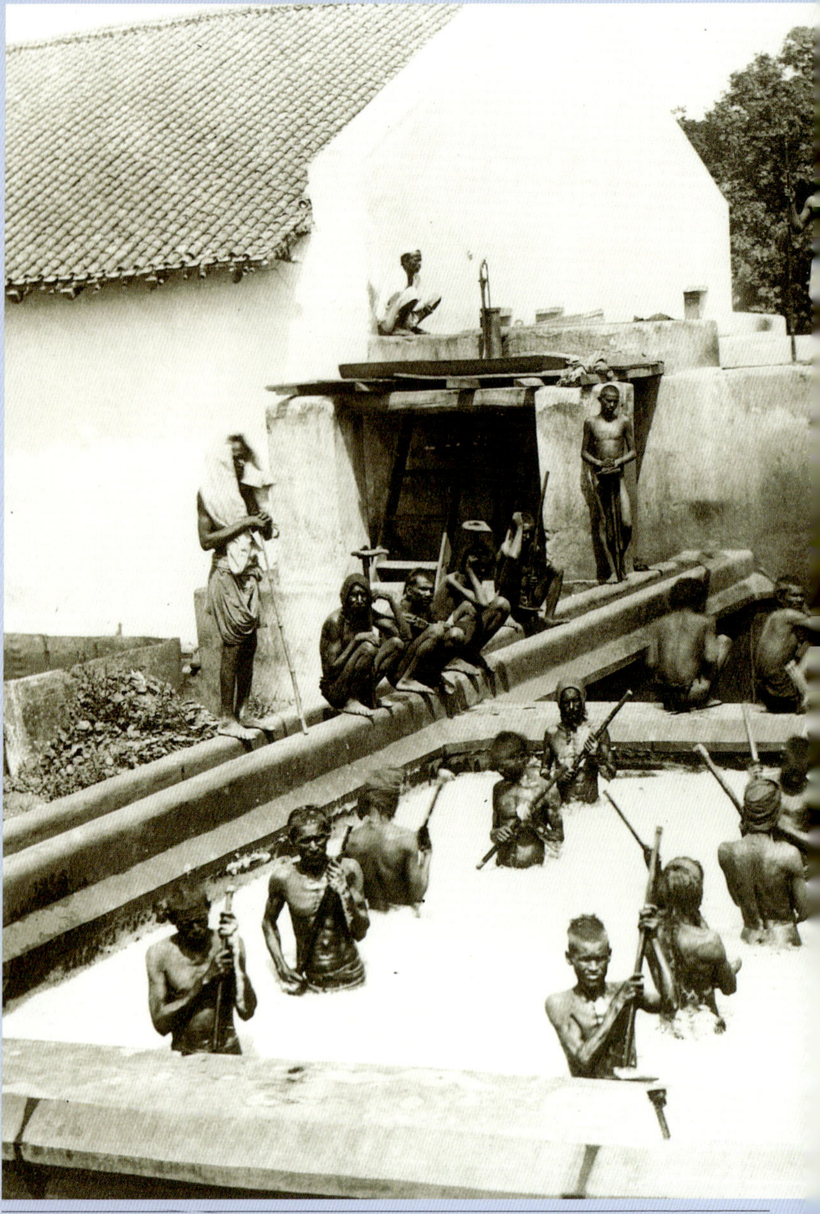

19世紀のインディゴ製造所

インディゴ染料の製造は水の中でおこなわれる。葉を発酵させ，得られた液体を攪拌して酸化させ，生じた青い沈殿物を集める，という3段階の工程があった。18世紀にフランス人がサン=ドマング島に建設したインディゴ製造所からは，生産を合理化しようとする意図が見て取れる。第1の槽（トランポワール）で用水の水質を管理し，第2の槽（バトリー）では機械を使って水を攪拌し，第3の槽（ルポゾワール）で染料成分を沈殿させるよう，槽が配置されていた。19世紀のインディゴ市場の主役は，イギリスがインドに設立したインディゴ製造所であった。当初ベンガル地方に設立された複数の製造所では，フランス人が開発した先進技術を取り入れていたが，大量の労働力が安く手に入るため，この方針はやがて放棄された。左は，ビハール州でイギリス人が運営していた機械化されていないインディゴ製造所のバトリーの様子である（1898年）。インド人の工員たちが，悪臭を放つ液体に腰までつかり，これを木の棒で攪拌している。攪拌をいつまでやるかを決めるのは，専門家（この写真では立っているイギリス人たち）の仕事であった。

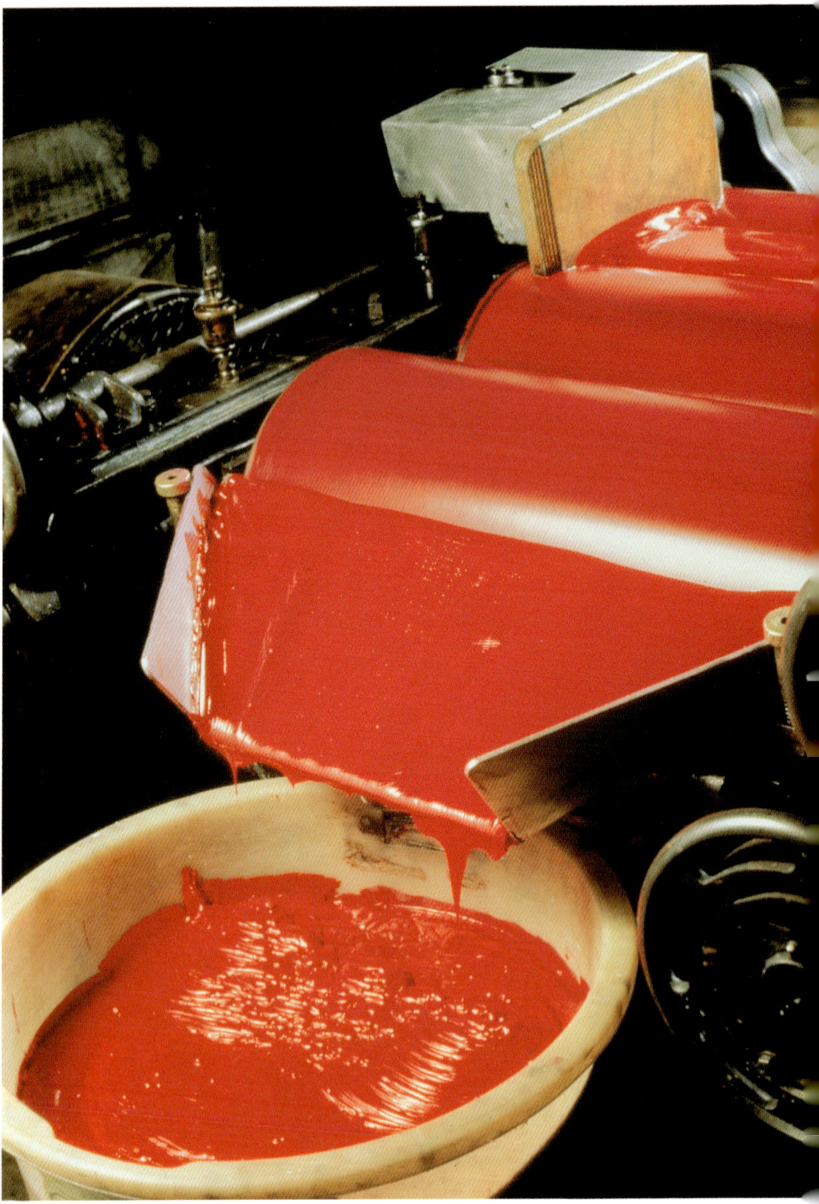

❖化学者たちは長い間，染色成分を分離してその特性を明らかにしようと試みてきた。化学合成の力で，無限の可能性が新たに開かれると，色材市場の様相は一変する。染料植物を大々的に栽培する時代は終わり，合成顔料や合成染料の時代が到来したのである。これは応用研究を粘り強く重ねた成果といえるだろう …………………………………

第 4 章

化 学 工 業 の 勝 利

⇦ロンドンの色材製造工場

⇨ブリティッシュ・アリザリン社のラベル──今日，メーカーを除く顔料やレーキ，染料はすべて，その分野に特化した化学メーカーによって製造されている。合成染料が初めて市場に姿を現したのは19世紀半ばのことで，歴史は比較的浅い。その一例が，茜に含まれる主な染料成分の1つ，アリザリンである。

1800年から1830年前後まで，染料植物から色素を抽出し，同定しようと，多くの化学者が力を尽くした。シュヴルールも率先してこの課題に取り組んだ1人である。1826年には，コランとロビケーが，茜に含まれる染色成分アリザリンと，リトマスゴケの染色成分オルシンを単離することに成功した。これらの発見を出発点として，その後，色素化学の分野では，数々の発見が重ねられていく。

⇩シュヴルールが用いた樹木のサンプル――シュヴルールはそのすぐれた実験の才を発揮し，こうしたログウッドやアメリカクロガシなどの樹木の多くに含有される染料成分を化学的な方法で単離することに成功した。

モーベイン――幸運な偶然

　1826年，ドイツの化学者ウンフェルドルベンが，熱したインディゴから純物質を抽出することに成功し，スペイン語でインディゴを意味するアニルという語にちなんで，アニリンと名付けた。しばらくたって，ドイツ・ヘッセン州出身の化学者A・W・ホフマンが校長を務めていたロンドン王立化学専門学校の研究グループに，パーキンという名のまだ年若いイギリス人が加わった。彼は，アニリンからキニーネを合成しようと実験を繰り返すうちに，この反応で得られる物質の1つに，紫色の化合物があることに気づいた。そこで，この化合物には染色力があるのではないかと考えた。実際にこの物質が毛織物や絹織物の染色に適した良質の染料であることを確かめたパーキンは，1856年，弱冠18歳にしてこの染料の特許を取得し，ロンドン近郊に世界初の合成染料製造工場を設立した。製品は1857年にモーベインの名で売り出され，すばらしい成功を収めた。

⇨モーベインで染めた肩掛け――モーベインは1862年，ロンドンでおこなわれた万国博覧会で賞賛を集めた。パーキンはこの肩掛けを展示し，ヴィクトリア女王はモーベインで染めたドレスを着て登場する。フランスも負けてはいなかった。ほどなくしてウージェニー皇后が，新しい緑色染料を使って染めた絹のドレスを誇らしげに身にまとい，オペラ座に姿を見せた。ルナール社が製造を開始した，ガス灯の明かりに輝く鮮やかな緑色染料であった。

アニリン派生物の普及

パーキンの成功を機に、化学者たちはアニリンの派生物の研究に期待と関心を寄せるようになり、ありとあらゆる種類の試薬を使ってアニリンを反応させる実験に着手した。ナタンソンとホフマンは、フクシアの花に似た赤色を呈する化合物を研究していたが、1859年にヴェルガンがこの化合物の合成法を開発し、フクシンと名付けて特許を取得した。フクシンは当初、1キロ当たり2000フランという大変な高値で売り出されたが、それにもかかわらず、フクシンで染めた赤色の毛織物が大

⇩モーベインで染めたかせ糸を手にするパーキン卿――パーキンはアリザリンの合成など数々の成果をあげ、その染料研究の業績を評価されてヴィクトリア女王から爵位を授けられた。

流行する。合成染料という新市場の大きさがはっきりしたこの成功を契機に、すべてが急展開をみせた。翌年、ジラールとド=レールが、フクシンとアニリンを加熱してリヨンブルーを作り出す。1862年にはついに初の緑色染料アルデヒドグリーンが発明され、さらにその翌年にはホフマンバイオレットが発見された。しかしこれら2つの染料はそれぞれ、1866年に現れた安価なヨードグリーンとパリバイオレットに取って代わられる。この後も特許の取得は続き、その数は次第に増えていった。

ドイツでは、合成の方法が特許の対象となっていたので、化学者たちは収益性の高い新しい製法を発見しようとしのぎを削った。ところがフランスでは、染料となる化合物自体が特許の対象であった。このため、新しい合成法を開発して工業利用しようとすると、特許の侵害とみなされ、裁判沙汰になることがあった。1863年に初めて、この種の裁判がフクシンをめぐっておこなわれ、その後も同様の裁判がいくつも続いた。それで結局、フランス人実業家たちは、ドイツに拠点を移してしまう。こうした事情はドイツの染料産業を大いに利する結果となり、向かうところ敵なしとなったドイツの染料業者たちはやがて、フランスにも進出して製造工場を設けるようになった。

有機化学の誕生

この時代、新しい学問が産声をあげた。有機化学である。それまでは化学といえば鉱物化学であったが、生体が織り成す炭素と水素の複雑な構造を理解するには、

鉱物化学の概念だけでは不充分であった。1858年頃，パリ医科大学で，ロシア人のブートレーロフ，スコットランド人のクーパー，そしてドイツ人のケクレが，分子構造，つまり分子がどのようなつながりのもとに構築されているのかを，熱心に研究していた。3人は，炭素原子が必ず隣り合う4つの原子と結合することを明らかにする。1866年にケクレが発表した著作は大きな反響を呼んだ。彼はその中で，ベンゼンの構造が六角形の環状であるとする説を唱え，核と側鎖の概念を発展させると，これをもとにして，後に「芳香族」と名付けられるさまざまな色素の構造を説明したのである。

当時の政府に優遇され，高等教育機関で重要な職務をいくつも兼任していたフランス人化学者ベルトレは，ケクレの説を認めようとせず，フランス国内でこれを教えることを禁じた。しかしいずれにせよ，ケクレの提唱した理論が果たした役割はきわめて重要であった。ヴュルツ，ホフマン，フィッ

⇦アウグスト・ケクレの肖像 ⇧アニリン製造工場（1886年）——採算の取れる形で染料を製造するには，必要とされる中間化合物を効率的に生産することが不可欠である。ドイツの化学工場ではこれを合理的な方法で実現した。六角形のベンゼン分子モデルを提唱したケクレの業績により，ベンゼンの水素原子（H）の1つをNH_2基に置き換えるとアニリンが合成されることが明らかになった。

シャーなど，時代の最先端を担う錚々（そうそう）たる化学者たちが，分子構造を図示し，有機化学反応の主な種類を体系的に研究することに力を注ぐようになったのだ。こうした成果の積み重ねによって，染料を合理的に製造販売することができるようになり，染料産業は一大産業として発展していくことになる。1864年，ベルリンの大学の教授だったホフマンは，すでに知られていたたくさんの染料の構造を研究した。

1876年，ホフマンの弟子であるウィットが，芳香族分子の着色作用は不飽和官能基の存在によるものであるとする説を初めて唱える。不飽和官能基以外の化学基が，染料成分を水に溶けやすくし，繊維の表面との化学結合を確立する役割を果たす。こうして，芳香族分子は染料としての性質をもつようになるのである。

茜産業を壊滅させた合成アリザリンの出現

1869年，バーディシェ・アニリン・ウント・ソーダ・ファブリク（BASF）社のグレーベとリーベルマンが，茜染料の主成分であるアリザリンの構造を解明した。彼らがロンドンで特許を申請したのは，なんとパーキンがまったく同じ特許を申請する前日のことであった。グレーベとリーベルマンはパーキンなどの助力を得て，アリザリンを工業的に製造する方法を開発し，早速これを実用化した。1872年には，アリザリンはドイツの大手化学会社であるBASF社，マイスター・ルシウス・ブリューニング（MLB）

◁BASF社の名前入り瓶
⇨第一次世界大戦当時のフランス軍の兵士（オートクロームによる）
──しっかりとした染め上がりで，しかも染料としては安価なインディゴと茜は，やがて軍服の染色，とくに18世紀以降の英仏軍の軍服に用いられるようになった。茜染料の赤色を採用して軍服を鮮やかな色調にしたのは，平時の見ばえという理由もあったが，戦時に血のしみが目立たないようにする配慮もあった。しかし経済状況が激変し，天然茜染料に合成アリザリンの10倍の値がつくようになると，軍服ズボンの市場はフランスにおける茜関連産業の存続を左右するカギとなった。1915年，ついにフランス軍歩兵のズボンの色はホリゾンブルーに変更されてしまった。

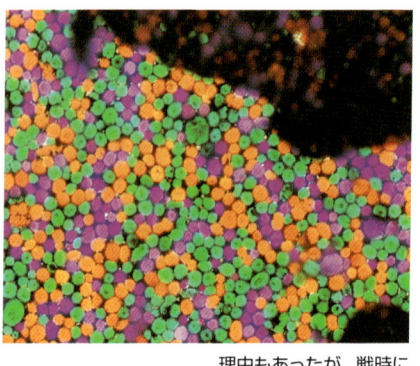

社，バイエル社が生産するようになっており，ドイツ製染料の総売上高の50％を占めるほどの規模に成長していた。この結果，オランダやフランス，そして当時ドイツ領となっていたアルザス地方で伝統的におこなわれていた茜栽培業は競争に敗れ，15年もしないうちに壊滅状態に陥った。1881年当時，南仏では世界で生産される茜の半分以上が栽培されていたが，1886年の売上高はなんとゼロに落ち込んでいる。とくに，フランスの生産高（1875年は920万キログラム）の60％を担い，茜の根を原料とした染料製造だけでなく，茜染めもおこなっていたヴォークリューズ県は，深刻な打撃を受けた。

ドイツは，アリザリンの目覚ましい成功を，科学の力によ

（p.106中）オートクロームの拡大写真──リュミエール兄弟は1907年，世界で初めて写真の色彩表現を可能にした「オートクローム」を売り出した。これは，合成染料で青，緑，赤の3色に着色した直径10μmの馬鈴薯澱粉を並べた板である。しかし，青色の粒子には光に当たると色あせくしまう傾向があった。

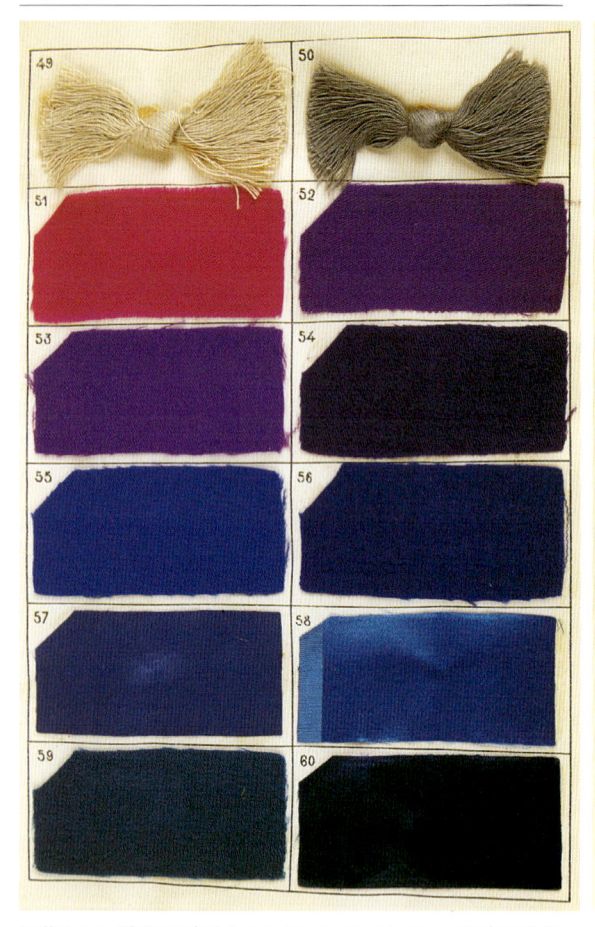

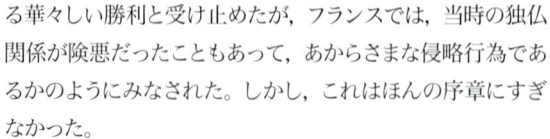

る華々しい勝利と受け止めたが，フランスでは，当時の独仏関係が険悪だったこともあって，あからさまな侵略行為であるかのようにみなされた。しかし，これはほんの序章にすぎなかった。

■アゾ系赤色染料の出現とコチニール赤の衰退

　繊維産業の目覚ましい発展も手伝って，英独の化学者た

ナポレオン3世の第2帝政時代，染色に関する知識を学ぶ機関が本格的に整えられた。教育機関がパリ，ストラスブール，ミュルーズに設立され，産業界と密接な関わりをもつアルザス出身の化学者が長年にわたって指導に当たった。

108

第4章 化学工業の勝利

ちの間では，新たな染料の発見をめぐる熾烈な競争が繰り広げられた。イギリス人のグリースは1857年，ジアゾ化という反応を応用することで，大いに発展が期待できる新境地を切り開いた。この反応から，無数のアゾ系染料が得られるようになったのである。

1878年，パリのヴァル＝ド＝グラース病院に勤務する薬剤師ルーサンが，羊毛の染色に使えるアゾ系赤色染料を発見し，開発を進めたが，特許を取得しなかったため，ホフマン

⇧染色した羊毛や布のサンプルボード（1892年）——19世紀末になると，教育が目的で書かれた書物が急増する。上の図は，ピケの『染物職人のための化学』（1892年）に掲載された。読者はこれで染め上がりの色合いを判断したり，部分的な色抜きの技術を習得した。

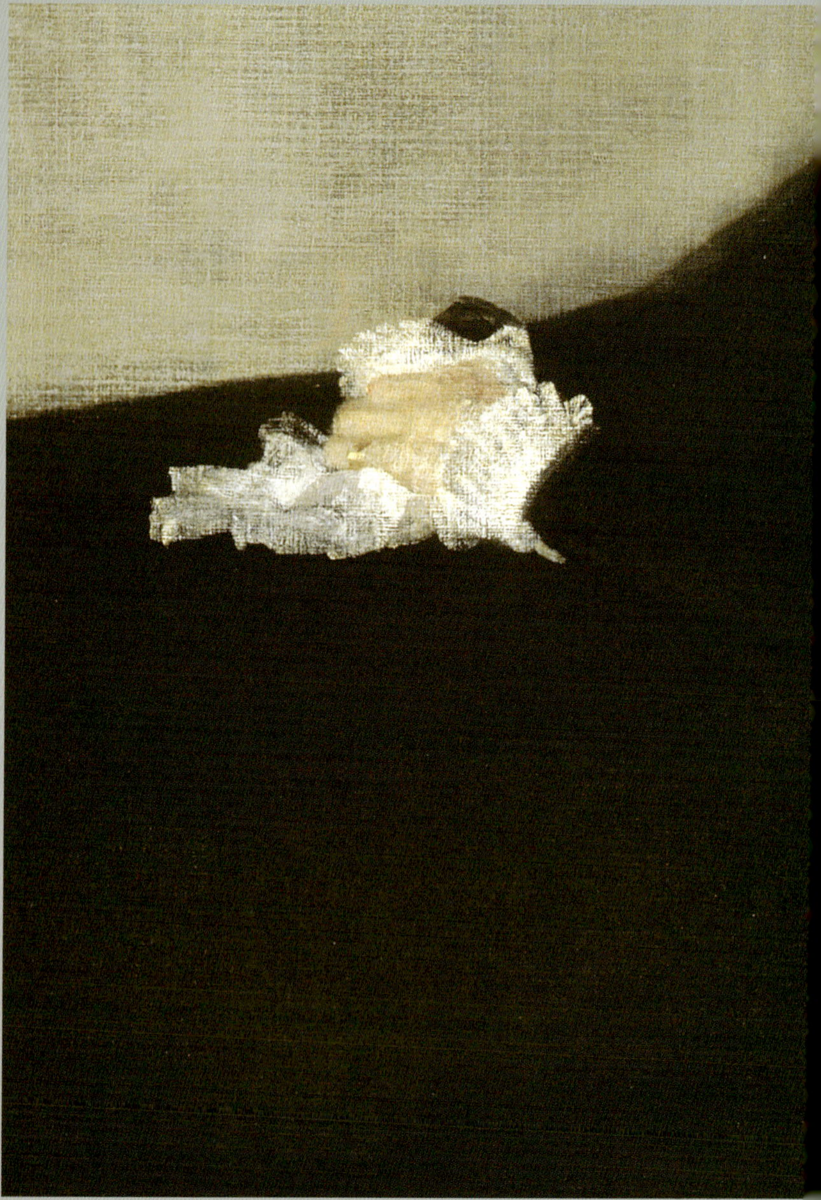

黒にもさまざまな色合いがある

　どんな色材を使っても、完璧な黒を出すことは不可能であった。どうしても光を完全に吸収する黒が出せないので、たとえば濃青色（インディゴ）を加えて色を濃くする方法などがとられていた。唯一の例外が没食子と緑礬（硫酸鉄）を混ぜて作られる黒色である。安価であったが、時がたつと酸を生じて基底材や繊維を蝕んでしまうという欠点があった。18世紀、樹木の染料（ログウッドやウルシ）とインディゴとを主成分とする新しい染料が開発された。この黒色染料は、またとないタイミングで登場したといえるだろう。というのも19世紀、道徳性や慎み深さを象徴した黒の衣服は突然、粋な色と見なされるようになり、大流行しはじめたのである。伊達男たちはどんな時でも黒い服を身にまとうようになり、なかでも燕尾服やタキシードなどの夜会服に黒が好まれた。女性たちの間でも、黒い絹の服が人気を集めた。19世紀末、クロム媒染の技術が生まれたことで、上に挙げたような樹木染料を使って、さらに美しい黒色を出すことができるようになった。やがてアニリンやインダンスレンが現れるまでは、こういった樹木染料が主流となった。

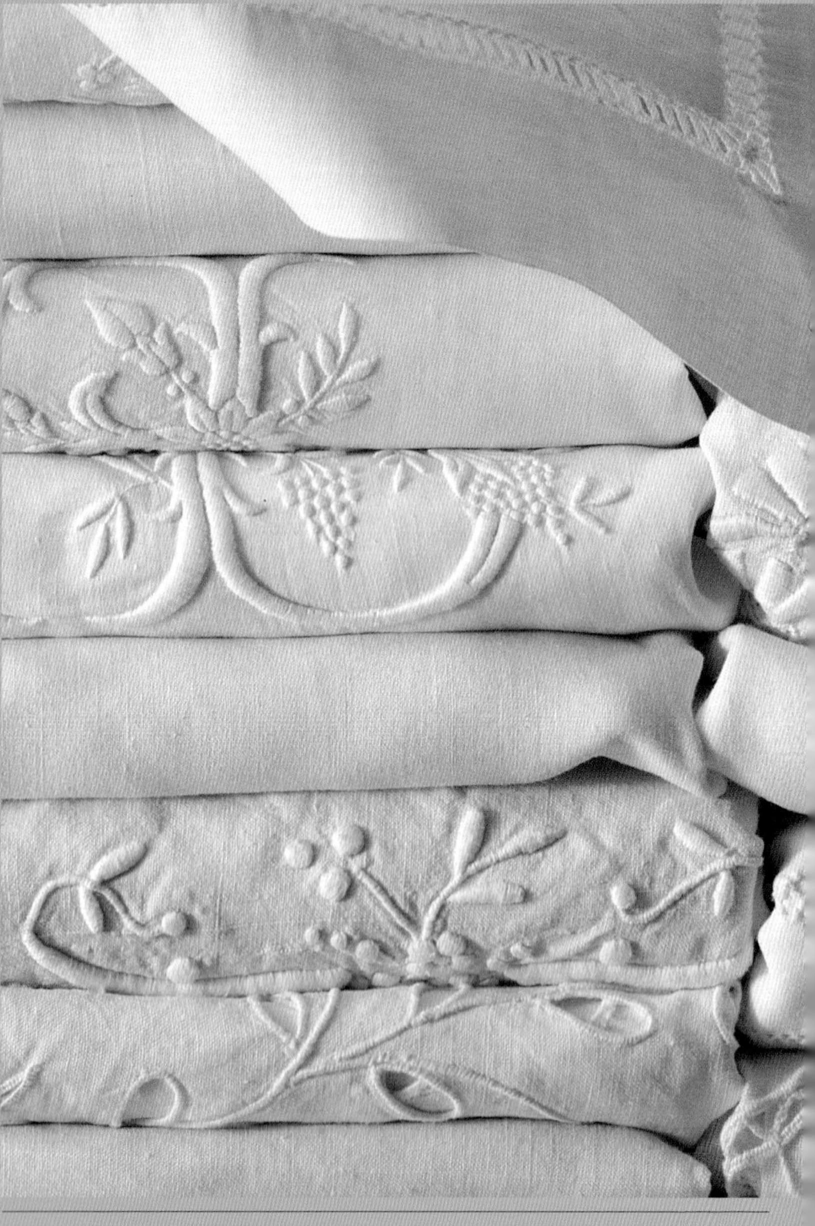

第4章　化学工業の勝利

不可能への挑戦

　白は，純粋さと清潔さを象徴する色であり，彩色を施す前の地色としても理想的であった（基底材(シュポール)の多くは少し黄色がかっている）。洗った布を漂白するには太陽の光に当てるのが一般的だったが，ベルトレがジャベル水を開発してからはそれが使われるようになった。黄色を帯びた基底材(シュポール)を白く着色するには，軽く青色を施して黄色を相殺した。これを「青味付け」という。用いられる色材は基底材(シュポール)の性質によって異なり，洗剤の青味剤にはギメブルー，陶磁器の釉薬には酸化コバルトが用いられた。1929年には，紫外線を吸収し，代わりに青色の可視光線を発する染料，蛍光増白剤が発明される。この新技術はとりわけ製紙産業や，洗剤の製造などに利用されるようになった。

（上）洗濯物の漂白に使う粉末青味剤〈ルテシア〉のパッケージ

がこの染料を分析し、製法を解明して公にした。こうしてドイツの工場では、安価な鮮紅色染料や緋色染料の製造が開始され、その結果、高価なコチニールは市場から駆逐される。

これまでに開発された合成染料は、羊毛や絹などタンパク質性の繊維であれば容易に染めることができたが、木綿の染色には適していなかった。しかし1884年にコンゴーレッドが現れ、合成染料は綿織物染色の分野にも進出する。こうして、コチニール赤色染料の市場は崩壊の一途をたどった。合成染料の出現によって、確かにより安価で均質な染料が得られるようになったが、その一方で失われたものもあった。たとえば、自然な混色による色の変化や繊細なニュアンス、まったく同じ色は2度と再現できない個性などである。

インディゴ合成という難業

1878年、フィッシャー兄弟がフクシン（赤色染料）の構造を解明した。

その後もさまざまな染料について研究開発がおこなわれ、ついに、ドイツの染料産業に残された大きな課題は、染料の中の染料ともいえるインディゴの合成のみとなった。成功すれば、イギリスによる世界のインディゴ市場の完全支配にも終止符が打たれることになる。英領インドでは1897年当時、170万ヘクタールもの土地で木藍の栽培がおこなわれており、生産されたインディゴ40万トンのうち、半分は輸出され、残りの半分は現地で綿織物産業に用いられていた。ドイツも他の国々と同じように、インド産の天然インディゴを輸入していたのである。1880年、ドイツ人のバイヤーが実験室内でのインディゴ合成に成功したが、採算のとれる合成方法を考案するには至らなかった。そこでMLB社とBASF社の化学者たちが共同でこの課題にあたったものの、開発は困難をきわ

⇨BASF社の製造研究所（ルートヴィッヒスハーフェン、1910年）⇩BASF社製インディゴの中国市場向けラベル（1903年）
⇦インディゴ生産用のタンク——植民地でのインディゴ生産から、工場での合成に移行するまでには、かつてないほどの研究努力が必要とされた。MLB社とBASF社は、最終的な費用がどのくらいにのぼるのか見当もつかないまま、複数のインディゴ合成方法を共同研究していた。研究所の規模の大きさが、合成インディゴの大成功を物語っている。

こうして製造されたインディゴは「純インディゴ」として売り出されたが、伝統的にインドやカリブ海地域産の天然インディゴの独占状態にあった市場への参入には、当初若干の苦戦を強いられた。しかし中国という巨大市場においては、比較的容易に成功を収めることができた。

第 4 章　化学工業の勝利

めた。結局，約2000万マルクにも及ぶ金銭的支援を受け，22年間も研究を続けて，ようやく成功へとこぎつけたのである。こうしてドイツは，1904年に合成インディゴを9000トン輸出し，1913年にはその3倍の量を輸出するまでになった。この結果，またもや天然染料の産地，今回はインドやカリブ海地域にある天然インディゴの産地全体が，壊滅状態に陥った。イギリスはついにインディゴ交易から手を引き，これにともなってマルセイユも中継基地としての役割を終えることとなった。

合成色材の躍進

MLB，アグファ，BASF，バイエル，ブリティッシュ・ダイスタッフなどといった大手化学会社は，さまざまな分子の特許取得を続け，その数は毎年数千種類にものぼった。特許の対象となった分子の大半は，すぐれた染色力を備えているわけではなかったが，なかには粉末に吸着させると良質のレ

⇦ゴッホ「2人の少女」（キャンバス地に油絵具）の端の拡大．⇩ゼラニウムレーキ──右側に，ドレスの元の色であるピンク色が見て取れる。額で覆われ，光に当たらなかった部分だ。そして左側が現在のドレスの色である。絵具層の分析でエオシンが検出されたことから，ゼラニウムレーキが使われていたものと考えられる。

ーキ顔料になるものもあった。こうして数々の分子が開発されては，時とともに淘汰されていった。1880年に発見されたチオインディゴ（赤紫色）や1900年に発見されたキナクリドン（赤橙色〜赤紫色）は，現在も絵具や塗料として広く用いられている。耐光性にすぐれ，風雨にさらされても色あせない，自動車の塗装にも美術にも適した良質の顔料である。

1914年，ドイツで生産される染料は，価額ベースで世界市場の88%を占めていた。アメリカをはじめとする各国は，自国での生産を確立するにしても，そのために必要な中間生成物をドイツから輸入しなければならなかった。

芸術家たちの色彩——ゴッホ，ゴーギャンなどの画家たち

合成染料の開発に伴い，さまざまな彩色レーキ顔料が絵具として使われるようになった。イギリスのウィンザー＆ニュートン社やフランスのルフラン社などの絵具メーカーは，19世紀末にはすでに鮮やかな色彩の合成絵具を一通り取りそろえていた。メチルバイオレット，アゾ系の緑色や黄色，橙色（ハンザイエロー），合成アリザリンによって作ら

⇩19世紀にイギリスで染料の耐光性をテストするために使われた箱——糸の上半分は細長い板で覆われ，下半分だけが光に当てられた。多くの染料の分子は光（とくに紫外線）によって変化し，その色を失ってしまう。絵具層が少しずつ色あせていくのはこのためだ。もちろん芸術性のある絵画だけではなく，建造物に使われる塗料の色もあせてしまうおそれがある。したがって新製品を市場に売り出すにあたっては，必ず耐光性をテストしなければならない。

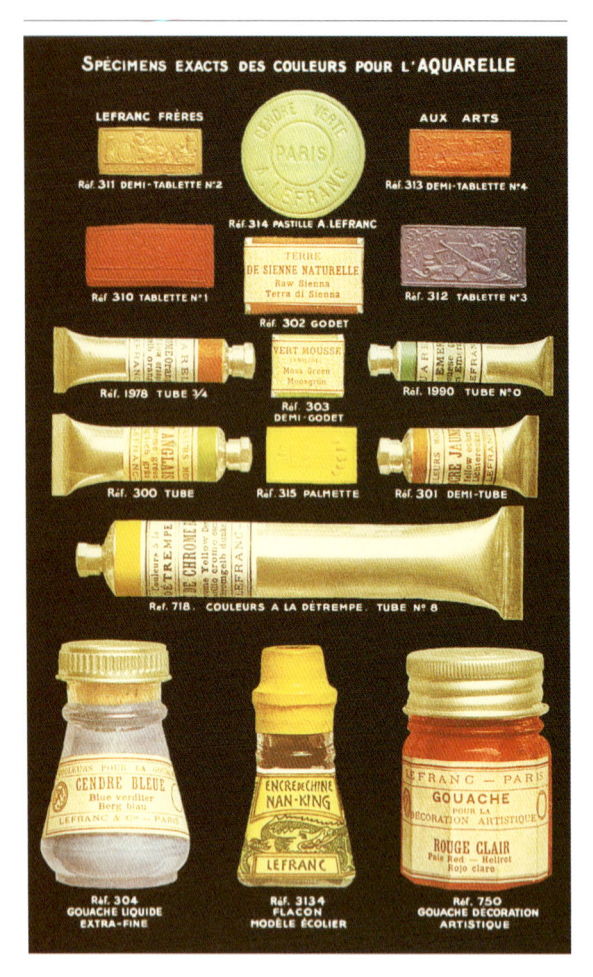

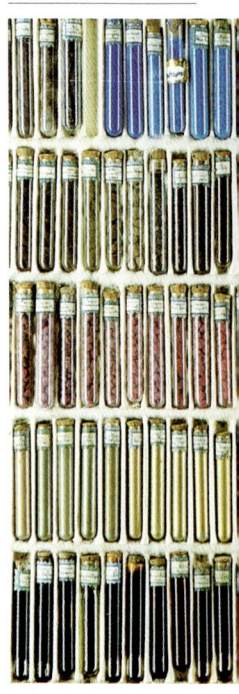

↑顔料，レーキ，ニスを集めた箱（フランス，19世紀末）──色材の見本をそろえるのは，それを販売する人々だけではない。研究者も，色材を特定するときの参考にするために，必ずサンプルを集める。だが持ち主が亡くなるとこうした貴重な仕事道具も散逸してしまうことが多く，シュヴルールのコレクションも例外ではなかった。しかし，6200種類を数える顔料や染料を集めたフォーブズのものは，さまざまな研究機関や博物館に分散してはいるものの，現存している。

れた赤色レーキやピンク色のローズレーキ，エオシンを主成分とするゼラニウムレーキ，アゾ系褐色，アゾ系赤色（リソールレッド）などである。しかし残念ながら合成絵具の多くは，古くから使われていた無機化合物ベースの絵具に比べ，はるかに耐久性に劣っていた。たとえば，ゴッホは鮮やかな紅色のゼラニウムレーキを複数の作品に使用したが，この絵具は間もなく薄青色に変色してしまった。ゴーギャンが使った

ローズレーキも、同様に青色に変わってしまっている。紫色のレーキ顔料として使われたメチルバイオレットも退色しやすく、耐光性がほとんどなかった。ジェームズ・アンソールのパステル画で、紫色が用いられた部分を見ると、光にさらされた部分では完全に色あせてしまっているが、額装に覆われて光が当らなかった端の部分には、鮮やかな紫色が残っていることが分かる。こういった不幸な例は数知れず、多くの新印象派やフォーヴィスムの絵画が、同じ憂き目にあっている。とはいえありがたいことに、退色しやすい絵具は時とともに淘汰されていき、耐久性のある絵具のみが使われるようになっていった。絵具メーカーも、自社製品の品質に関する詳しい情報を画家たちに提供することを、自らの務めと認識するようになった。チオインディゴの紫色、フタロシアニンの青色や緑色、ジアゾ化合物の黄色、キナクリドンの赤色

(p.118左) チューブ入り絵具のサンプル (ルフラン社製) ──1841年、アメリカ人の画家J・ゴフ・ランドは、豚の膀胱よりも手軽に調製済みの絵具を保存する方法として、錫の薄片でできたチューブの特許をロンドンで取得した。翌年、イギリスのウィンザー＆ニュートン社がこの特許に変更を加え、ふたの部分を改良したうえで、チューブ入り絵具を売り出した。チューブの中身である絵具も発展を遂げた。19世紀に入ると、顔料は工業的に粉末にされるようになり、さらに添加剤としてグリースやパラフィンが加えられ、粘性の均一な油絵具を作れるようになった。手作業で顔料を調製していた時代には考えられないくらい、まるでバターを塗るようになめらかに画布に塗ることができた。結合材も、時間がたつと黄ばんでしまう亜麻仁油に代わって、無色のままのケシ油が使われるようになった。ケシ油にはもう1つ特性があった。亜麻仁油を使った絵具を画布に置くと、乾く前に筆の跡が消えて滑らかになるが、ケシ油を使うと筆の跡が残るので、絵画が立体的になり、より緊張感のあるタッチが創り出せる。印象派の画家たちはこの効果を巧みに利用した。

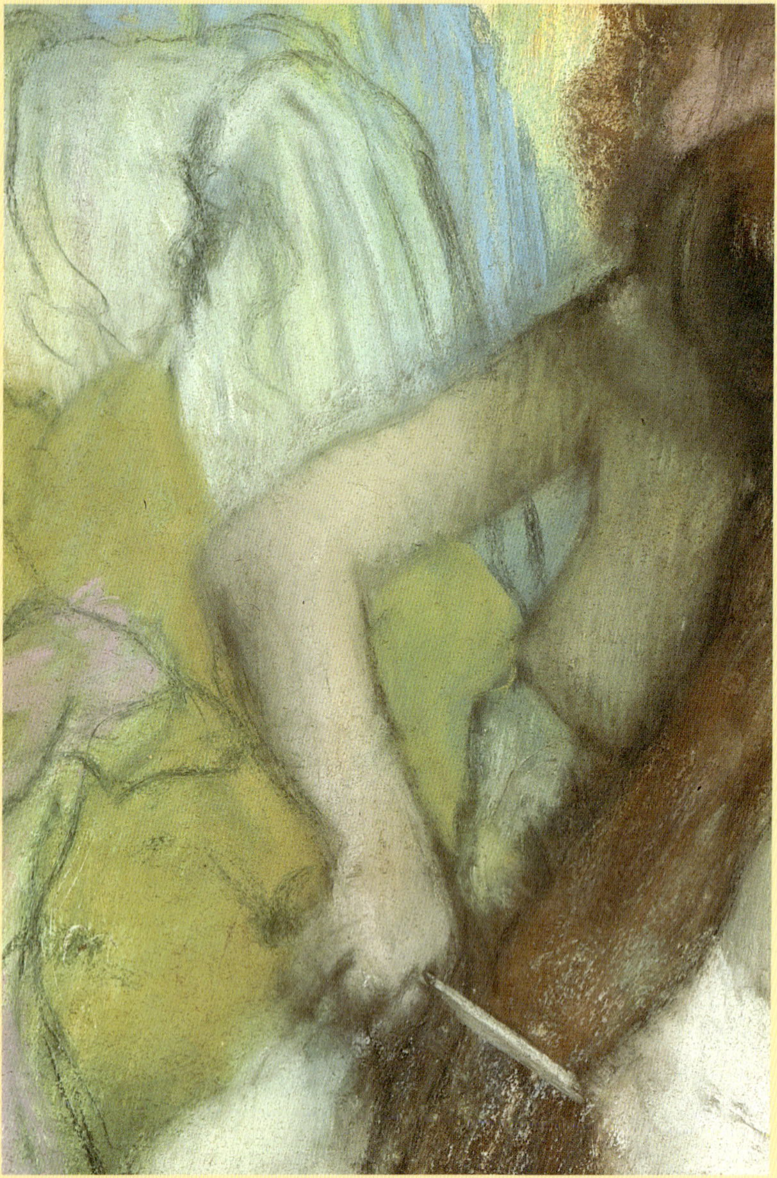

第 4 章 化学工業の勝利

「パステルトーン」は,パステル画のような,淡く柔らかな色合いを指す言葉として一般的に使われている。パステルとは,粉末状の顔料と白い鉱物を混ぜ,さらに固着力と柔軟性をもたせるために結合材を加えて固めたものである。パステルの語源となったのは,小さな塊を指す「パスティーユ」であって,タイセイを意味する「パステル」ではない。パステルを使って少しざらざらとした紙に絵を描くと,顔料の粒子が紙に付着し,ごく薄く崩れやすい状態で堆積する。当たった光が,粒子から粒子へと絶え間なく繰り返し反射し,色に光が満ちて,ぼんやりとした光が放たれる。このためパステル画では,繊細な陰影表現が可能である(左頁のドガのパステル画参照)。また,あたかも靄がかかっているかのような効果を出すことができる。色彩を研究する専門家たちは,パステルがもつこのすぐれた特性に注目し,色の測定に用いるようになった。色度測定において最初に使われた尺度は,パステルで出した色をもとに作られたものだ。

(左頁)ドガ「髪を結う女」(部分)

(右頁上)パステル画用のチョーク,(右頁下)ラ・トゥール「幼いニコル・リカールの肖像」(部分)

122

などといった新しい有機顔料は、従来の顔料より高価であることが多かったが、耐光性にすぐれ、温度や湿度の変化にも強かった。このため、メーカーが画家たちに提供する絵具もこうした新たな有機顔料が主流となり、退色しやすいレーキ顔料は徐々に姿を消していった。

第1次世界大戦──自国の利益のために

　第1次世界大戦の勃発で、戦争当事国はそれぞれ、自国の色材関連産業を拡大する必要に迫られた。連合国の繊維産業は何十万人もの労働者を抱えていたが、繊維を生産してもそれを染める染料が手に入らなくなってしまったのである。アメリカは緑色のインクが入手できず紙幣の印刷すら停止されてしまったほど、深刻な染料不足となった。1916年、フランス領内にあるドイツの染料工場が徴発され、フランスの諸企業と統合して、国有のフランス染料化学品公社が設立された。イギリスでも同様の業界再編がおこなわれ、ブリティッシュ・ダイズ社とレヴィンスタイン社のもとに諸企業が統合された。当時生産された染料の大半は、軍服の染色に使われた。連合国は1918年、戦争に勝利すると、ドイツが保持していた染料に関する特許を、戦争の賠償という名目で山分けした。これが各国の染料産業の発展に寄与することになる。

　戦後、染料産業の情勢は一変した。アメリカ、イギリス、フランス、日本、イタリアが、合成染料の輸出国となったのだ。市場の大半を失ったドイツの化学業界は大々的に再編され、1925年、染料製造業初の企業連合、IGファルベンが発足した。イギリスでもこれにならって翌年インペリアル・ケミカル・インダストリーズ（ICI）が設立され、フランスの染料製造業はクールマン社のもとに統合された。

　1934年、新しい系統の色素、フタロシアニンが発

⇦色材工場の宣伝ポスター──染料は古くから、異国情緒と結び付けられてきた。貴重な染料は例外なく未知の国から輸入されていたからである。ブラジルという国名は、染料に由来している。1500年にブラジルに到達したカブラルは、豊かに生育したブラジルスオウに驚き、この土地を「テラ・ダ・ベラ・クルス（真の十字架の地）」から「ブラジル」へと改めた。時代が下るにつれ、各国が築いた植民地帝国は、合成染料の重要な市場となっていった。モロッコや、スーダンで、フランスのクールマン社（下：アシッドブルー93の箱）やイギリスのICIの製品が使われているのを目の当たりにして、失望した旅行者は数多かった。

見された。とくに銅フタロシアニンは鮮やかな青色で，着色力が強く，しかもすぐれた被覆力を備えているため，やがてウルトラマリンブルーやプルシアンブルーに代わって工業用染料として使われるようになった。現在も，青色顔料や緑色顔料の主成分として用いられている。

とどまるところを知らない発展

1913年の世界の染料生産量を基準とすると，第2次世界大戦が目前に迫った1939年，ドイツの生産量は36％に下落し，アメリカの生産量は実に1600％にまで登りつめた。

第2次世界大戦でドイツがフランスを占領すると，フランスの染料製造業の再編に乗り出し，染料メーカーを統合してフランコロール社を創設した。1945年，アメリカはIGファルベン社を占拠し，機械や書類を戦利品として持ち帰った。

戦後の代表的な染料はやはり合成インディゴであり，とくに毛沢東が提唱して中国で広まった労働者の作業服や，ブルージーンズなど，作業着の染料として広く用いられるようになっていた。流行によって高まったインディゴの需要を満たすには，天然インディゴの原料となる木藍の栽培規模をどんなに拡大して

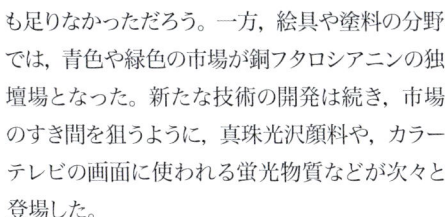

も足りなかっただろう。一方、絵具や塗料の分野では、青色や緑色の市場が銅フタロシアニンの独壇場となった。新たな技術の開発は続き、市場のすき間を狙うように、真珠光沢顔料や、カラーテレビの画面に使われる蛍光物質などが次々と登場した。

現在、ドイツとアメリカの色材産業は衰退傾向にある。わずかに競争に勝ち残っているイギリスのICIやスイスのチバ社などを除けば、世界市場はほぼ日本の独占状態だ。中でも日本の強みとなっているのが、薬品や食品などに使われる天然着色料という新分野である。

（p.124）自動車の塗装——自動車塗料の市場では、取引量が多く、製品の進歩も著しい。自動車のボディを塗料槽に入れて浸し塗りをおこなう場合には、特殊な方法で結合材を作る必要があった。電界を形成し、電気泳動によって塗料を付着させることで、隅のほうまで塗料を行きわたらせることができた。塗料吹き付け用のロボットを使う場合（左下）、むらなく塗装することがカギになる。自動車のボディ塗装は、合成顔料が高価であるため、まず、安価で被覆力の強い顔料（オーカー）を用いて、目指す色調に近い色を出す。そして、ぴったりの色合いを出すための仕上げにのみ、高価な顔料を用いる。この分野で最近新しく開発されたのが、真珠光沢を出すための顔料だ。これは、酸化チタンでコーティングした雲母の薄片（メルク社、1980年。左上）、あるいはヘマタイトでコーティングしたアルミニウムの小片（BASF社、1990年）から作られる。選択吸収（特定の波長の光のみ吸収すること）による発色と、コーティングによって生まれる干渉色という2種類の色合いに加えて、薄片の端の部分に光が当たって反射することで、真珠光沢が生まれるのである。

◁トランプをする中国人

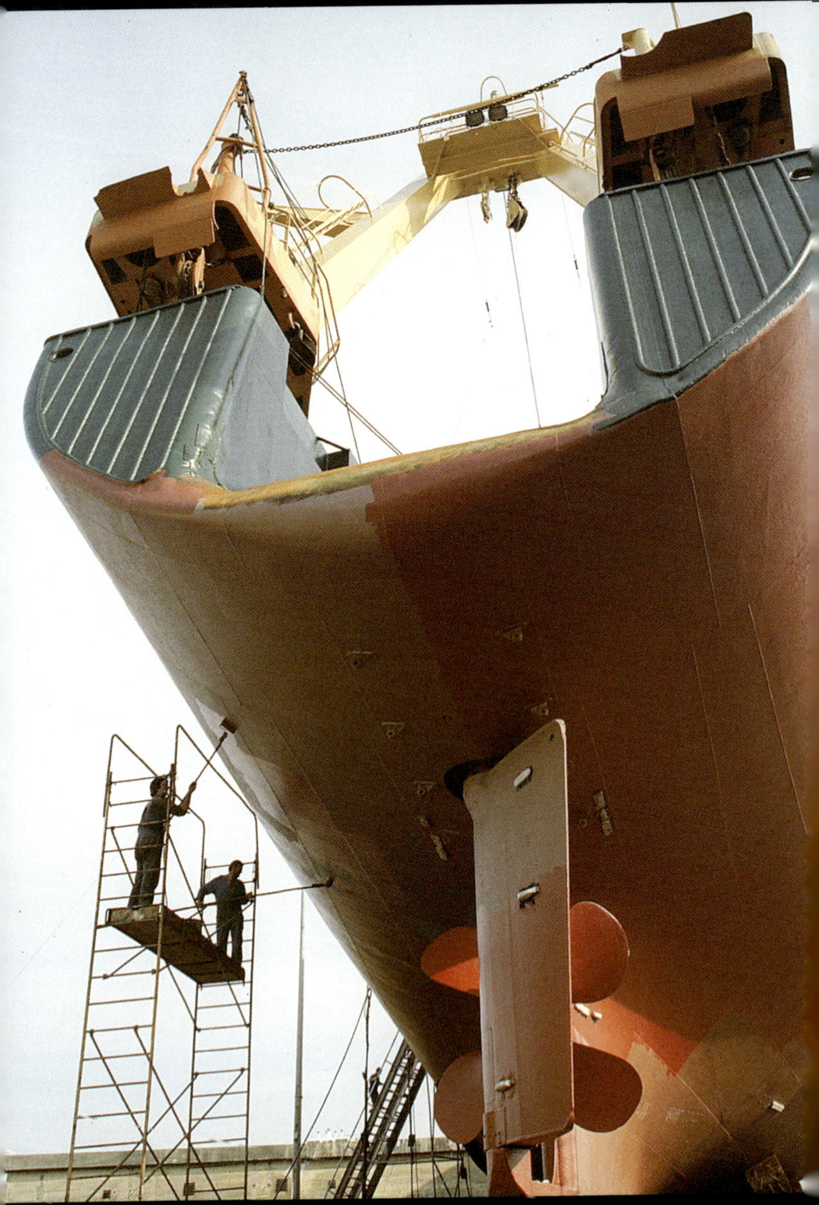

第 4 章　化学工業の勝利

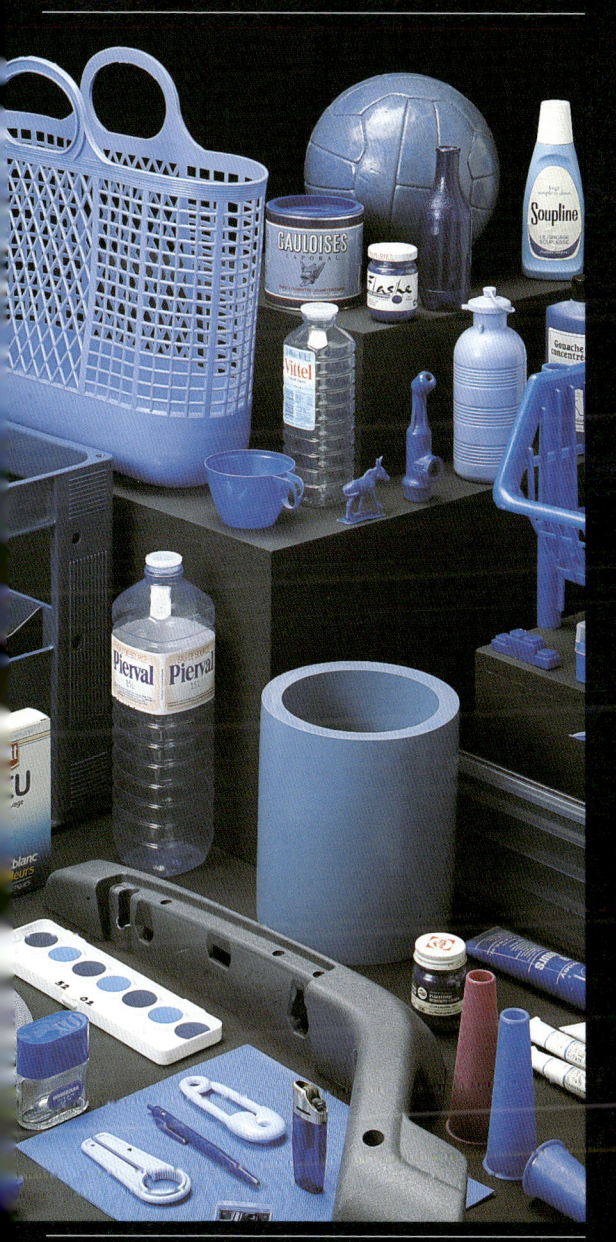

　工業用の塗料にはそれぞれの役割がある。たとえば金属の腐食を防ぐ作用は，19世紀末に金属の建造物（大型客船や軍艦，駅舎，陸橋など）が急増したことから，必要不可欠となった。船の塗装には，銅や錫を主成分とする塗料を用いて船体に貝が付着するのを防ぐ。そのほかにも，磨耗を防ぐ（道路や床），持ち主を識別しやすくする（自動車の塗装），航空機を赤外線やレーダーによって探知されにくくするなど，さまざまな目的をもって塗料が作られた。

　人工ウルトラマリンは，プラスチックも青く着色できる。この写真を見ると，3種類の効果が得られることが分かる。第1は単純に，製品を青色に着色すること。第2に，ミネラルウォーターのボトルに薄い青色をつけることで，水の青さを思い起こさせる効果。最後に，プラスチックを白く着色するさいには青味剤を用いている。昔ながらの顔料である人工ウルトラマリンは，重金属や危険性のある分子などが含まれていないため，近年再び高く評価されている。
　（左頁）タンカーの塗装
　（右頁）人工ウルトラマリンによって着色された**プラスチック製品**

127

食品用着色料

　ミントやピスタチオには緑色，バターには黄色，チェリーの砂糖漬けには赤色といった具合に，天然着色料による食品の着色は現在，工業的におこなわれるようになっており，しかもその規模は拡大の一途をたどっている。無害とされる食品用の着色料の力で，店頭に並ぶ食肉は自然の状態より赤く，薫製のソーセージは食欲をそそる茶色，海老は鮮やかなピンク色を呈している。

　こういった現象には，実は大きな意味がある。食品の色によって味覚が大きく左右されるということが，調査で明らかになっているのだ。このため，製造過程であせてしまった色や，季節による色調の変化を補うため，セット商品の色をそろえるため，もともと色のない食品に彩りを添えるため，特定の味の印象を強めるためといった，さまざまな目的で食品の着色がおこなわれている。さらには，まだ木に実った状態の桃に液体を噴霧して，実際の成熟の度合いよりも早く皮が赤みを帯びるようにするといったことまでおこなわれている。こうして収穫される桃は，まだ熟していないにもかかわらず，美味しそうに見えるのだ。

　食品用の合成着色料は，発がん性や遺伝毒性が次々と明らかになり，順次禁じられていった。そこで日本では，着色

⇨青い食品用着色料──多くの色素は非水媒体において用いられる。このため農産物加工の分野では，着色料の色素が水とよく混ざるかどうかを，必ず検証しなければならない。不思議なことに西洋では，食欲をそそらない唯一の色が青色であるらしい。

第4章 化学工業の勝利

⇦チュッパチャプス──人工着色料がはっきり分かる食品の筆頭に挙げられるのは，キャンディーなどの砂糖菓子だろう。赤，オレンジ，緑など，どのキャンディーも美味しそうに見える。しかし，これほど明らかでなくとも，食肉などほかの食品にも着色料が添加され，合成香料さえ入っていることがある。フランスの消費者は，バターは黄色，ピスタチオ味アイスクリームは緑と認識しており，見慣れない色の食品に出会うと，たとえそれが天然の色だとしても困惑してしまう。じゃがいもの一種で，実の部分が美しい紫色を呈する「ヴィトロット」などがその典型的な例だろう。

料として使用する藻類の実験的栽培が，大々的に進められている。カロテノイド系色素やアントシアン系色素などの比較的安全とされる色素だけを使って，あらゆる色合いを出すことに成功しているのである。現在のところ使用されている着色料としてほかには，コチニールやリトマスゴケ，カラメル色素，レッドオーカーを挙げることができる。

ほんとうの色と見せかけの色——色材の行く末は?

　近年,消費量の著しい増加に促されて,色材の世界は驚くべき発展を遂げた。人為的に作られた,あるいは合成された新しい化合物が,数え切れないほど登場している。しかし,このように数多くの色材がひしめき合う中,人間と色材との結びつきはどんどん薄れてきているように思われる。視覚だけでなく,五感のすべてを通じて色材とふれあう機会が,徐々に失われてきているのではないだろうか。黄色いサフランのかぐわしさ,白粘土の柔らかい手触り——どんな色材も,色以外の特徴を通じてそれを感じ取ることができるものだ。つまり,人間は本来,その色合いや着色力だけでなく,素材として暖かいか冷たいか,乾いているか湿っているか,手触りは滑らかか,あるいはざらざらとしているか,危険性はあるかなども含めて,色というものをとらえることができるのである。

　色材と人々との距離は,コンピュー

⇩色見本——色見本はある種の職業の人々にとっては欠かせない仕事道具である。その用途はまず,成熟過程にあるアンズの色,陳列台に並べる食肉の色,地層の色など,さまざまな色合いを識別することにある。そしてまた,塗料,布,紙,インクなど,どんな色の製品がそろっているかを顧客に示すことにも使用される。

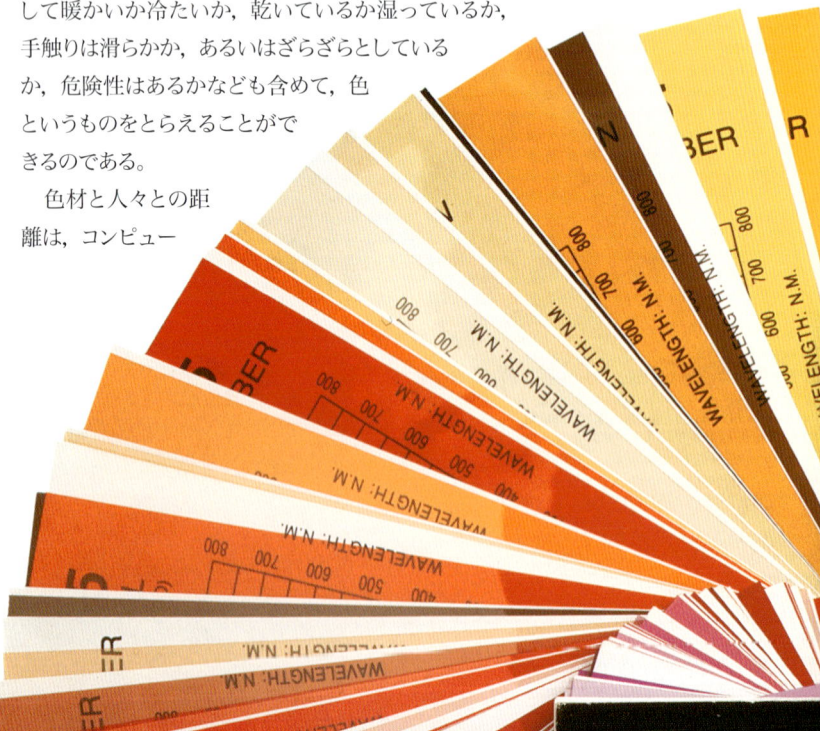

ターやモニター，カラープリンターなどの普及で，さらに大きく隔たってしまった。平均的な人間が識別できるのは10万色までと言われている。それが本当だとすれば，何億もの色合いを出すことができるという最新機器を前にして，われわれはいったい何を思えば良いというのだろうか？　このような色のインフレ状態がどんな影響を及ぼすのか，現時点で判断することは難しい。とはいえ当然懸念されるのは，コード化された情報にすぎない仮想世界と，色材そのものとの情緒的なつながりが保たれる現実世界との間に，ある種の混同が生じてしまうのではないかということだ。

古くから脈々と受け継がれてきた色彩の知識や技法には，昔ながらの技術や人々の伝統が反映されている。そこからは，さまざまな色材の性質や，その情緒的あるいは象徴的な意味が，くっきりと浮かび上がってくるのだ。われわれの生きる現代，こうした要素が忘れられ，あまりにも軽視されているように思われてならない。

色彩を測ることは果たして可能か。人間が知覚する色はそれぞれ，主波長（赤・青・黄といった色のちがい），彩度（色の鮮やかさ），明度（色の明るさ）という3つの要素によって位置づける。たとえば，さまざまな色のキャンディーを分類する場合，黒，灰色，白というふうに分けるのは，明度による分類法だ。白に近づくにしたがって明度が増していく。いわゆる「色」（青，赤，など）で分けるなら，それは主波長によって分類していることになる。赤色を例にとると，鮮やかな赤色から薄いピンクへと移行していく過程は，彩度の減少を示している。したがって人間が知覚できるあらゆる色彩は，3次元空間で表すことが可能になる（「色立体」という）。この色立体の一部を形にしたのが，色見本なのである。では，ある色が色立体のどこに当てはまるのかを知るには，どうするか。工業用測色計は，色の付いた面に光を当て，青，緑，赤の波長の光がそれぞれどのくらい反射するかを測定して，3次元の座標を計算し，色立体内での位置を決める。しかし物理学ではむしろ，対象となる材料に無色の光を当てた場合に，それぞれの波長の光をどれだけ吸収するかを測定するほうが一般的である。

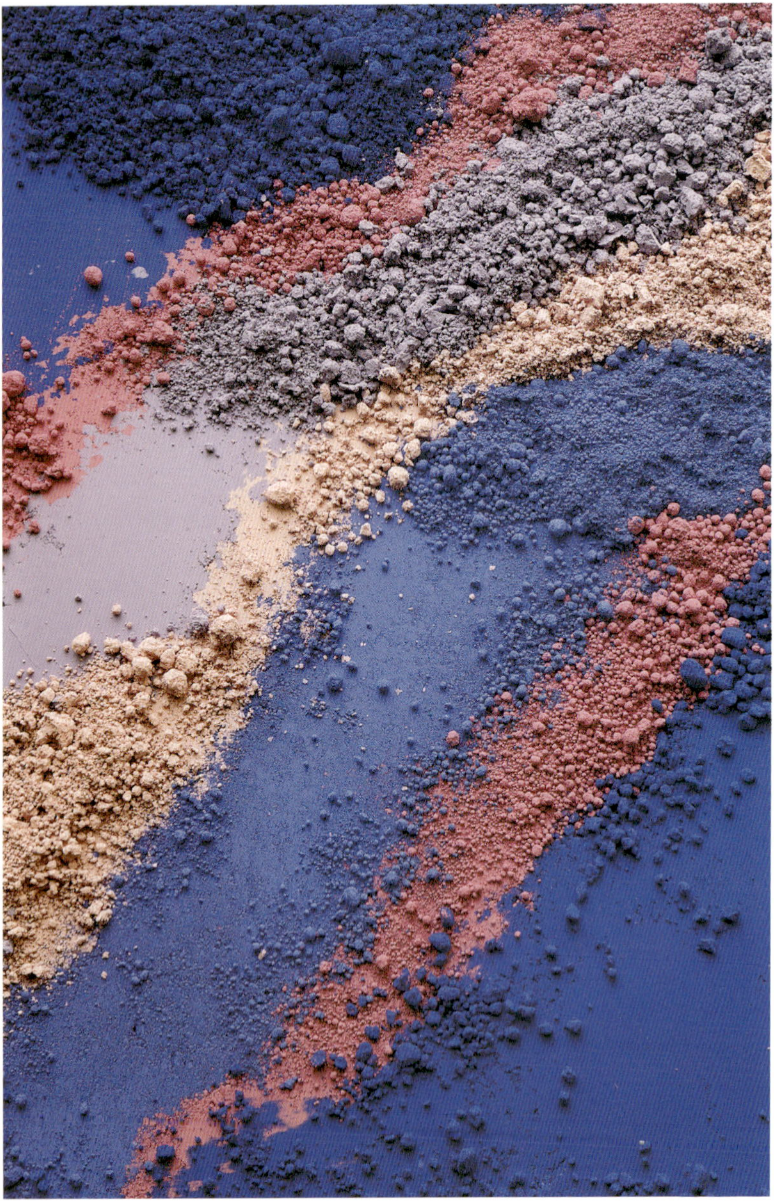

資料篇
色 彩 を 探 し 求 め て

存在に形を与えるのは
デッサンだ。
生命を与えているのは
色彩である。
そこに、生命の崇高な
息づかいがある。
ドゥニ・ディドロ

1 古来より伝わる色材調製法

技法書というのは大変古くからあるジャンルである。こうした書物を紐解くと，芸術だけでなく家事にも役立つさまざまな技法や手順，コツを知ることができる。そこには，木や石，金属，皮革などを着色・塗装する方法，金箔やニスを施す方法，絵画や染物に用いるインクや色材を調製する方法など，多岐にわたる「実証済みの確かな技の秘訣」が，数多く記されているのである。しかし，こうして伝わっている製法の多くは残念ながら，今日実際に試してみることがなかなかできない。技術用語の解釈が困難であるし，当時使われていた材料の特定も難しい。また，たとえ特定できたとしても，現在は入手困難な材料が多いのである。

技法を記した中世の書物の大半は，古代から受け継がれてきた技法書の内容をそのまま書き写したものであった。こういった書物をまとめたのは多くの場合，文学には通じていても，絵画や染色に関する実践的な経験がない学者たちだったのである。さまざまな書物からの引用を雑然と寄せ集めた，このまとまりのなさは，中世の技法書というジャンルの特徴であるといえよう。1つの色を作る似たような方法が，同じ書物の中にいくつも記載されていることも多い。このように内容が無意味に膨らまされているのは，記述を「充実」させようという編纂者たちの意図による。彼らは，多種多様な材料，時にはまったく役に立たない材料までも，製法に加えてしまったのだ。

緑色を作るには

ルーアンの緑を作りたいと望むなら，純度の高い銅の薄片を用意し，これに最高品質の石けんをしっかりと塗りなさい。この薄片を未使用の壺に入れ，壺を濃い酢で満たしなさい。壺に蓋をして密閉し，暖かい場所に2週間置きなさい。その後蓋を開け，薄片を木の板の上に振り出して，太陽に当てて[緑色の錆を]乾かしなさい。[こうして，ヴェルデグリ（緑青）が得られる。]

『マッパエ・クラヴィクラ（さまざまな技能の小手引書）』，11〜12世紀

[鉛白と] 赤鉛（鉛丹）を作るには

赤鉛もしくは鉛白を作りたいと望むなら，まず未使用の壺を用意し，その中に鉛の薄片を入れなさい。その壺を濃い酢で満たし，蓋をして密閉したら，暖かい場所に1ヶ月置きなさい。その後壺を取り出して蓋を開け，鉛の薄片を覆う物質を振り落とし，この物質を別の陶製の壺に入れなさい。そして [陶製の] 壺を火にかけなさい。中に入っている顔料を絶えずかき混ぜ，これが雪のように白くなったら，必要なだけ取り出しなさい。この顔料が鉛白である。残りは火にかけ，中身が赤鉛らしく赤くなるまで絶えずかき混ぜ続けなさい。そして火から下ろし，壺を冷ましなさい。

『マッパエ・クラヴィクラ』

朱を作るには

朱を作りたいと望むなら，まず硫黄（白，黒，黄の3種類がある）を用意し，これを乾いた石の上で砕きなさい。その半分の重さに等しい水銀を，天秤で測って加えなさい。これらを慎重に混ぜたらガラスの瓶に入れ，瓶のまわりを粘土で完全に覆い，蒸気が漏れないよう口を密閉して，火の近くに置いて乾燥させなさい。その後，瓶を火のついた炭の上に置きなさい。熱くなってくると，中から音が聞こえてくる。これは，水銀が燃えた硫黄と融合しているしるしである。音が止んだら直ちに瓶を取り，蓋を開けて，顔料を得なさい。

『さまざまの技能について』
修道士テオフィルスの著作，12世紀

黒インクを作るには

黒インクを作るには，サンザシ（実際にはクロウメモドキ）の木を，4月あるいは5月，花や葉を出すより前に切りなさい。そして木片を束ね，日陰に2週間，3週間または4週間置いて少し乾燥させなさい。その後，小槌を用意して，乾かしたサンザシをほかの堅い木の上で砕き，完全に樹皮をはがしなさい。この樹皮を直ちに，水を満たした樽に入れること。2樽，3樽，4樽ないしは5樽を，樹皮と水とで満たしたら，樹皮に含まれていた液がすべて水にしみ出してしまうまで，1週間置きなさい。それからこの水をこのうえもなく清潔な深鍋に入れ，火にかけて煮なさい。時折この鍋に樹皮を入れて，樹皮にまだわずかに残る液も，すべて煮出されるようにしなさい。樹皮を煮終えたら，取り除いて再びほかの樹皮を入れること。この工程が終わったら，水が3分の1減るまで煮詰めなさい。その後煮詰めた水を小さい鍋に移し，さらに黒くどろどろとしてくるまで煮詰めなさい。この際，樹皮の液が混ざっている水以外は，一切加えないように。液体がどろりと濃くなったら，その3分の1の量の純粋なぶどう酒を加え，2つか3つの新しい壺に分け入れし，表面に膜のようなものが

できるまで煮詰めなさい。そのうえでこれらの壺を火から下ろし、赤い澱が取り除かれて純粋な黒インクができるまで、太陽の光に当てなさい。それから、注意深く縫い合わせた羊皮紙の小袋と膀胱とを用意し、これに純粋なインクを注ぎ入れて、太陽の当たるところに吊るして完全に乾燥させなさい。この作業が終わったら、必要に応じてインクを取り出し、ぶどう酒で溶き、炭火にかけて、アトラメントゥムを少量加え、書いてみなさい。もし不注意でインクの黒さが充分でなかった場合は、指1本分ほどの厚みのアトラメントゥムを用意し、火の中に入れて熱し、それを直ちにインクに入れなさい。

(アトラメントゥムは黒色顔料を指す言葉だが、より広義には黒インクをも意味することがある。ここでは、水和硫酸鉄を指している。これがインクの主成分であるタンニンと反応することで、「没食子酸鉄インク」ができあがるのである。)

『さまざまの技能について』

■すぐれたウルトラマリンの青を作るには

適量のラピスラズリを取り、斑岩の臼で細かくすりつぶしなさい。次いで、以下に挙げる材料を混ぜて塊状あるいは糊状にしなさい。すなわち、ラピスラズリ1ポンドに対し、コロホニウム（松脂）6オンス、マスチック（乳香）2オンス、蝋2オンス、木タール2オンス、スパイク油あるいは亜麻仁油1オンス、テレビン油2分の1オンスである。これらすべてを混ぜたものを鍋に入れて火にかけ、溶ける寸前まで煮た後、これを漉して、得られる物質を冷水に集め、ラピスラズリの粉末とよく混ざり合うようかき混ぜたうえで、8日間置いて休ませなさい。休ませれば休ませるほど、見事な青が得られる。それから、この糊状の塊に湯を加えながら手でこねなさい。すぐに、水分と共に青色の顔料が出てくる。最初に出てきた水と、2番目に出てきた水、3番目に出てきた水とは、別々に保存しなさい。それぞれの水を入れた容器の底に、青色の顔料が沈殿してきたら、水を捨てて青色顔料を得なさい。

(ウルトラマリンの青を作るさいに難しかったのは、ラピスラズリから、その成分の1つである青い鉱物、青金石（ラズライト）のみを抽出することであった。)

『リブリ・コロルム（色彩についての諸書）』
ジャン・ルベーグ編纂、15世紀

■黄色を作るには

次に引用するのは、何度も繰り返し書物に掲載され転写された結果、製法が理解不可能になってしまった典型例である。

ヴェルカンド（植物性の染料？）を、不純物のない澄んだアルカリ水溶液の中に入れ、よく煮なさい。そこに少々のヴェル

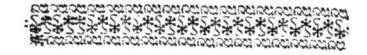

『ピエモンテのアレクシス司祭閣下による秘伝』
(1557年)

デグリ（緑青）を加え、ニワトコを浸しなさい。ヴェルデグリを加えれば加えるほど赤くなる（？）。すなわち、ヴェルデグリ2に対しヴェルカンド5の割合にすること。そして、生温かい、または煮えたぎった胆汁を入れなさい。満足のいくものができるであろう。

『リブリ・コロルム』

プルプリンを作るには

色を塗ったり文字を書いたりするさいに用いる黄金色の色材、プルプリンを作るには、まず上質の錫1ポンドを溶かし、溶けたところで火から下ろして、8オンスから10オンスの水銀を加え、全体をよく混ぜ合わせて糊状にしなさい。次に、硫黄1ポンドと塩化アンモニウム1ポンドを用意し、細かく砕きなさい。そしてこれらを上述の錫と水銀の塊に加えて混ぜ合わせ、全体をよくすりつぶすこと。このとき、必ず木製か石製の臼などの容器を使い、青銅の容器は使ってはならない。できあがった混合物をいくつかに分け、狭口のガラス瓶数本に入れなさい。瓶は、口のところでしっかりと封じられる [栓をして密封できる]、あるいは漆喰でふさぐことができるものでなければならない。封が瓶の口から指1〜2本分ほど突き出るようにすること。封をした瓶を火にかけ、最初は弱火で、それから少し火を強くして加熱しなさい。時折、小さな棒を使って、ガラスにある [付着している] ものを動かしなさい。これが黄色になったのが分かったら、火から下ろして冷ましなさい。きわめて美しい、黄金のような色をしたプルプリンを得ることができる。これをアルカリ水溶液と混ぜてすりつぶし、尿またはアルカリ水溶液で洗って、少々サフランを加え、アラビアゴムを溶かした水でのばしなさい。その方法についてはこの後に詳述する。[結果として得られるのは、黄色（モザイク金）である。]

『ピエモンテのアレクシス司祭閣下による秘伝』、16世紀

白材やモミの木を赤く染める方法

　費用も手間もあまりかからない方法を紹介しよう。まず，底にいくつも穴の開いた大きなかご，あるいは桶を用意しなさい。これに馬糞を入れ，穴の空いていないほかの桶か容器を下に置き，馬糞が腐敗するにしたがって出てくる水を，下の容器で受け止められるようにしなさい。腐敗がなかなか進まない場合は，馬の尿を時折少しずつ加えれば，過程を早められる。こうして得られた水を刷毛で塗るだけで，木材を赤色に染めることができる。また，2度塗りすれば十分に外側を着色できるだけでなく，4～5リーニュほど浸透させることができる。したがって，作品がまだ荒削りである段階でこの2度塗りを済ませておけば，仕上げをして磨き上げるさいにも，木材のもとの色があらわになってしまうのではないかと心配する必要はなくなる。

　　　『アルベール・モデルヌ——最新の発見
　　　　に基づいてまとめた，正統かつ確実な
　　　　　　　　　　　　　　新しい技法』18世紀

金色に陰影をつけるのに用いる赤みを帯びた黄色

　2スー相当のサフラン，豆ほどの量の細かい粉末状のミョウバン，クルミほどの量の藤黄，そして同量のよくすりつぶした，もしくは溶かしたラックレーキを用意しなさい。これらを混ぜ，白く薄い亜麻布で漉し，小さく清潔な容器に入れなさい。美しく赤みがかった黄色が得られるまで，アイリスの花から採った緑色を加えること。こうして得た色材を，太陽に当てて乾燥させなさい。[後略]

　　　　　　　　　　　『工芸技術の極意』18～19世紀

ラシャ布を紅色に染めるには

　酸味のある水[酸性の媒質]，たっぷり1ポンドの酒石，それに3ポンドのミョウバンを混ぜ合わせて沸騰させなさい。そしてその中にラシャ布を入れ，1時間にわたって煮続けなさい[媒染のため]。その後，布を洗浄して冷まし，再び洗いなさい。染色をおこなう準備ができたら，染浴のための容器に真水を入れなさい。次いで，手桶2杯分の真水に対し，酸味のある水を1杯分加えなさい。そしてコチニール2オンス，コロハ2分の1オンス，アラビアゴム4オンス，テラメリタ[ターメリック]2オンス弱，酸味ブドウ果汁2分の1オンス，レアルガル[鶏冠石]4オンス，酒石少量を用意しなさい。これらの材料を別々に細かくすりつぶした後，染浴の容器に入れて混ぜ合わせなさい。コチニールを別にしておく場合は，まず15分間煮て，その後にコチニールを加え，さらに少し煮なさい。その後ラシャ布を染浴の容器に入れ，1時間煮続けなさい[染色するため]。その後ラシャ布を取り出すと，美しく鮮やかな紅色に染まっているはずだ。

　　　　　　　　　　　『工芸技術の極意』18～19世紀

2 色名の変遷

古くから使われている色材は、しばしば時とともに名前を変えている。たとえば、硫黄とヒ素の化合物である石黄はこれまでに、アルセニクム（ヒ素）、黄金の石（アウリペトルム）、黄金の顔料（アウリピグメントゥム）、オーピメント、石黄（オルパン・ジョーヌ）、鉱物黄（ジョーヌ・ミネラル）、王者の黄（ジョーヌ・ロワイヤル）などとさまざまに呼ばれてきた。また、こうした名称おのおのについて、さらにまたいくつもの異名があるのが一般的であった。その時代や地域に特有の文化や伝統を反映している異名もなかったわけではないが、大多数はただ単に、書物の編纂者や筆写者の誤読や誤解から生まれたものであった。

カルミン（赤色色素）の入った広口瓶

多彩ながらも曖昧な名称の数々

確固たる根拠もなく与えられた名称も数多くあった。ことに錬金術の時代には、意図的に分かりにくい名称がつけられていた。日常的に使われていた用語の多くは、その物質の本質とはかけ離れた、類推に基づいて生まれたものであった。たとえば、礬油（ばんゆ）（硫酸）、アンチモンバター（塩化アンチモン）、硫黄肝（硫化カリウム）、酒石クリーム（酒石酸カリウム）、土の糖（酢酸鉛）などといった具合である。アカデミー・フランセーズ会員でもあった化学者デュマは、こう嘆いたという。「これではまるで化学者たちが、料理人の用語を借用したようではないか！」

名称の数は増えるばかりで、同じ物質に5〜6個の名前があることも珍しくなかった。たとえば、染物に使う媒染剤である硫酸カリウムには、「アルカヌム・デュプリカトゥム（2つの物質からなる秘薬）」、「セル・ド・デュオブス（2つの物質からなる塩）」、「硫酸酒石」、「グラゼの万能塩」、「カリウム硫酸」などの名称があった。このように用語は混乱をきわめていたが、幸いにも18世紀末以降、ギトン=ド=モルヴォ、ラヴォアジエ、ベ

ルトレ，カヴァントゥー，テナールなどといった学者たちが，新たな用語体系の確立に取り組み始めた。単体や化合物をできる限り明確に命名することのできるシステムを作ろうと試みたのである。

ラヴォアジエが考案した用語体系では，物質の性質と様態のみが表されていた。それ以外を表す必要性がなかったのである。ところがその後，化学当量〔物質が反応するさいの量的関係を表す概念〕の考

名称	古代	中世	18～19世紀
顔料・染料	Pigmentum ピグメントゥム	Color コロール	Couleur クルール
エジプトブルー	カエルレウム・アエギュプティアヌム（エジプトの青） カエルレウム・プテオラヌム（ポッツォーリの青）	———	アレクサンドリアブルー アレクサンドリアの青玉
天然ウルトラマリン	ラズリウム（青い石，ラピスラズリ）	アズルム（青） アズルム・ウルトラマリヌム（海の彼方から来た青）	群青石 ウルトラマリンブルー ラピスラズリ
インディゴブルー	インディクム（インドの）	インディクム ルラックスインディゴ・バガデル（バグダッド藍）	アンド（インド藍） ベンガル藍
孔雀石の緑（マラカイト）	モロキティス（ゼニアオイを意味するギリシア語に由来） クリソコーラ（珪孔雀石）	メロキテス ヴェール・ダジュール（岩緑青）	マウンテングリーン
ヴェルデグリ（緑青）	アエルゴ アエリス （銅や真鍮の緑錆）	イアリン ヴィリデ・アエリス（緑錆） ヴィリデ・グラエクム（ギリシアの緑）	ヴェルデ（酢酸銅） ヴェール・ドー（水の緑）
石黄	アルセニクム（ヒ素を意味するArsenicはこれを語源とする）	アウリピグメントゥム（黄金の顔料） アウリペトルム（黄金の石）	石黄 ジョーヌ・ミネラル（鉱物黄） オーピメント
鉛丹（赤鉛）	サンダラッカ（鶏冠石） プルンブム・ウストゥム（焼いた鉛）	ミニウム・ルベウム（赤の鉛丹）	ミンヌ ミニウム ルージュ・ミネラル（鉱物赤）
辰砂（朱砂）	ミニウム（鉛丹）	シンナバリム セノブリウム（辰砂）	ルージュ・シナブル（辰砂の赤） フレンチバーミリオン
鉛白	プシミティウム ケルーサ（鉛白）	ミニウム・アルブム（白の鉛丹） ビアッカ（鉛白） アルブム・ヒスパニクム（スペイン白）	オランダ鉛白 シルバーホワイト
白亜	クレタ クレタ・アルバ（白墨）	アルブム（白）	トロワ白　ムードン白 スペイン白

古代の代表的な色材のさまざまな呼称

え方が確立されると，化学者ベルセリウスが記号を用いた新たな用語体系を考案した。元素の名称とその結合のしかたが分かるだけでなく，それぞれの元素の量をも示すことができる表記法を目指したのである。そして，元素の原子量をアルファベットで示し，その数を添数で示す，便利な表記法が完成した。これを用いると，たとえば先に挙げたようなさまざまな名称をもつ物質を，端的にPbO，SO$_3$などと表すことができる。こうしてこの表記法は，広く一般に普及していった。

ジャン＝バティスト・デュマ
科学思想の学習，コレージュ・ド・フランスの授業
パリ，1836年

色材用語の落とし穴

中世には，多くの色がさまざまな象徴的意味を帯びていた。色材の名称もそうした象徴にしたがってつけられたものが多く，本来の性質や産地を反映していないことが多々ある。たとえば，宝石について記した中世の詩や物語を紐解くと，宝石や鉱物を指

す言葉がその特性を表すものではなく，むしろそれに備わっているとされた医学的な効能や占星術における意味などを表していることが分かる。このため，パンテロス（豹石），ヒヤシンス石，ディオニシア（ギリシア神話のディオニュソス神に由来），ヘリ

国	産地に由来する名称	時代	色材
イギリス	イギリス赤褐色	16〜19世紀	酸化鉄を主成分とする赤と黒の混合
イギリス	イギリス灰青色	17〜18世紀	人工の銅系青色顔料ブルーベルディテ
イギリス	イギリスリサージ	18〜19世紀	酸化鉛の黄色（マシコット）
イギリス	イングリッシュグリーン	19〜20世紀	プルシアンブルーとクロムイエローの混合
イギリス	イングリッシュホワイト	19世紀	亜鉛華（ジンクホワイト），あるいはリトポン
ドイツ	ドイツ黒	15〜18世紀	骨炭とワイン澱の黒の混合
ドイツ	ドイツの空色	16〜19世紀	スマルト（コバルト系青色顔料）
ドイツ	ドイツ金	17〜19世紀	真鍮の粉末
スペイン	スペイン白	11〜17世紀	鉛白
スペイン	スペインレーキ	13〜16世紀	ケルメスレーキ
スペイン	スペイン黒	15〜19世紀	コルクを主成分とする黒色顔料
フランス	アヴィニョンベリー	15〜19世紀	植物性の黄色レーキ，スティル＝ド＝グレン
フランス	フレンチブルー	18〜19世紀	プルシアンブルーとアルミナ白の混合
フランス	フレンチウルトラマリン	19〜20世紀	ギメの発明によるウルトラマリンブルー
イタリア	ヴェネツィアウルトラマリン	14〜18世紀	ラピスラズリの青色
イタリア	ヴェネツィア白	16〜18世紀	鉛白とバリウムホワイトの混合
イタリア	ナポリ黄	17〜19世紀	アンチモン酸鉛を主成分とする黄色顔料

産地に由来する色名

オトロープ（血石，ギリシア語で「太陽の方を向く」の意）などといった鉱石の古名と，現在使われている鉱物学上の用語とを，安易にイコールで結ぶわけにはいかないのである。聖書に登場する色についても同様だ。「キリストの血」「天上の青」などといった言葉が指しているのは，非物質的で，霊的な意味での色彩である。

こうしてみると，長い間にわたって一部の色材が基準色のような役割を果たし，ほかの色材がこれに関連して名付けられていたというのも，納得がいくだろう。たとえば，ミニウム（鉛丹）という語は古代，水銀を主成分とする辰砂を指していた。鉛丹に似た，鮮やかな赤色を呈するためだ。また中世には，朱といえばコチニールの赤（小さな虫からとれる赤色）を意味していた。これも，辰砂に似た鮮やかな赤色を呈することから生まれた呼称である。しかしこれでは当然，誤解が生じてしまう。そこで中世の技法書では，水銀を主成分とする赤色を「セノブリウム（辰砂）」，鉛を主成分とする赤色を「ミニウム・ルベウム（赤の鉛丹）」と呼んで区別している。一方，同じく鉛を主成分とする白色（鉛白）は，「ミニウム・アルブム（白の鉛丹）」，「アルブム・プルンブム（鉛の白）」などと呼ばれていた。

誤解を招く呼称は，ほかにもたくさんある。たとえば「銀の青色」として知られる青色顔料には，銀がほとんど含まれていない。この語が実際に指しているのは，中

```
1616. — Couleurs à la mode.
Amarante.              Merde d'enfant.
Ardoise.               Merde d'oye.
Argentin.              Nacarade.
Astré.                 Orangé.
Aurore.                Ormus.
Bayse moi ma mignonne. Pain bis.
Bleu de la febve.      Pastel.
Bleu mourant.          Pensée.
Bleu turquoise.        Péché mortel.
Bœuf fumé.             Racleur de cheminée.
Céladon.               Rat.
Constipé.              Ris de guenon.
Crystalin.             Rouge sang de bœuf.
Désirs amoureux.       Roy, minime (tanné
Eau (couleur d'.           enfumé.
Escarlatte.            Selle à dos.
Espagnol malade.       Seraiu.
Espagnol mourant.      Singe envenimé.
Face gratée.           Singe mourant.
Faute de pissas.       Souleys.
Faveur.                Soulphre.
Feuille morte.         Temps perdu.
Fiammette.             Trespassé revenu.
Fleur de pesché.       Tristamie.
```

19世紀に使われていた色名の数々（V・ゲー『考古学用語辞典』，1887年より）

世の写本装飾に用いられていた，酢酸銅を主成分とする緑がかった青色である。銀を含む鉱物に見られる不純物として代表的なのが銅であることから，このような名称になったのだ。同様に銀の不純物としてコバルトが含まれていることがあるが，この場合の「銀の青色」はコバルト系の青色顔料，スマルト（花紺青）を指す。しかしこの顔料は被覆力が弱いので，写本装飾には使われていなかったようだ。

産地に由来する色材名

古い技法書に登場する色材のなかには，名前の一部が産地を示しているらしいものもある。たとえば，古代や中世の技法書に登場する「インディクム」や18世紀の「アンド（インド藍）」は明らかに，インド・ベンガル地方産のインディゴを指す言葉で

ある。しかし15世紀には「インディゴ・バガデル」,「インディゴ・バガテル」,「バガドン」などの呼称もみられる。これらは,インディゴがバグダッドを経て西洋に運ばれていたという事実に由来する名称だ。同じような例として挙げられるのが「スミルナ緑」である。古代ギリシア語でエメラルドを意味する「スマラグドス」の語源であり,後の「エメラルドグリーン」という呼称もこの語がもとになったと考えられる。しかし古代には,「スミルナ緑」は緑土を指す言葉であった。産地はおそらくキプロスで,スミルナ（現在のトルコ・イズミール）の港を通じて取引されていたのだろう。12世紀,修道士のテオフィルスは著書『さまざまの技能について』において,当時の画家が使っていたアラビアの金のことを「ヒスパニアの金」と呼んでいる。(左下の表を参照。)

このように,いつの時代も多くの色材に,何らかの形で産地に関係する名前がつけられていた。しかし次第に色材を輸入することがなくなると,こういった名称の存在意義も薄れていき,時には誤解を招くようになることもあった。たとえば「スペイン白」は,中世には鉛白を指していたが,現在では白亜を意味している。

時にはまったく根拠のない用語も

化学や鉱物学,医学の分野で新しい用語体系が確立されても,依然としてさまざまな命名法が使われていた。長年の悪習はなかなか消えないもので,たとえば新しい物質が見つかるとその物質の組成ではなく発見者にちなんだ名前をつけるという習慣は,長きにわたって続いた（たとえば,ムッソリーナイトという鉱物があるが,これは単なる滑石の一種である）。さらに19世紀には,まるで古代ギリシア時代やローマ時代の色材と関係があるかのような名前が,次々と登場した。今日のクロムレッドはかつてクロム辰砂と呼ばれていたし,マラカイトグリーンは緑色の合成色素であって鉱物のマラカイト（孔雀石）とは何の関係もない。化学者デュマはこのような命名法にあきれてこう言ったという。「実は私は,[植物学者の]アダンソンが採った命名法のほうがましだったのではないかと思っている。植物を命名する必要が生じると,アルファベットを記したくじを引いて決めたというのだから」

ロイヤルホワイト,ポンパドゥールピンク,インペリアルイエロー,マリールイーズブルーなどといった名称も,名高い人物に結び付けるという昔ながらの慣例にしたがってつけられたものだ。現在も使われているこうした根拠のない色名として,金鳳花色,カーキブラウン,ベビーピンク,タンゴオレンジ,エメラルドグリーンなどが挙げられる。いずれも日常会話では大変広く用いられている色名だが,化合物や色材そのものを正確に示すものではない。

ベルナール・ギノー

3 染物と染料

　繊維産業は，中世から19世紀末にいたるまでつねに，西洋経済の原動力ともいえる存在であった。染物業に関する有名なコルベールの王令は1667年に発せられ，フランスの繊維産業は再び活気づいた。さらにコルベールは同年，新たな関税率表を制定する。オランダやイギリスの製品，なかでも繊維製品に対する宣戦布告さながらの関税率であった。むろん繊維産業に携わる実業家たちも安穏としていたわけではない。自身でも開発を進める一方で，今でいう「技術偵察」に注目し，産業スパイ活動を積極的に推し進めていた。

コルベールの王令

　この王令は，自国製品の規格を定める文書としては先駆的なものであった。コルベールは，フランス製品の品質を保証すると同時に，2つに分かれた同業組合が互いの権利を侵害しないように導くことを目指していた。この王令はそうした配慮の表れである。

　国王陛下が，その王国のあらゆる町村においてラシャ，サージ及びその他の毛織物の染色を担当する一流の堅牢染め職人兼商人に対し，遵守を命ずる法律，王令及び規則。

第5条―堅牢染めの品質をさらに申し分のないものとするため，堅牢染めに携わるすべての染物職人は，染物をおこなうための材料として以下に挙げるもののみを，その家屋，倉庫及び商店に保持するものとする。すなわち，ロラゲ地方，アルビジョア地方，ラングドック地方及びその他の地に産するタイセイ，ヴエード（タイセイの一種），緑礬，ウルシ，サンザシの瘤，アレッポ没食子，ミョウバン，葡萄酒の澱，酒石，茜，モクセイソウ，コチニール，ケルメス粒，糊状ケルメス，砒素，ハラタケ，ターメリック，山羊の毛，真珠灰，及びインディゴである。二流の染物職人は，上記の良質な材料のいずれもその家屋，倉庫及び商店に保持してはならない。また，染物職人は

染め直しにのみ，上に挙げたログウッド，ブラジルスオウ及びリトマスゴケを混合して用いてもよいが，ほかの色材はいずれも用いてはならない。

以下に引用する条文には，濃い色の色材を混ぜて光の吸収性を足し合わせることによって黒を出す方法が，明確に示されている。布の値段が高いほど，多くの色材が使われていた。また，ここにはインディゴの使用を制限する旨も定められている。表向きの理由は染物の品質確保であったが，真の目的はフランスのタイセイ産業を保護することであった。

染物職人（C・ヴァイゲルの版画，18世紀）

一流二流を問わず，ログウッド，ブラジルスオウ，アメリカユクノキ，ハグマノキ，トウダイグサ，ベニノキ，リトマスゴケ，ベニバナなどといった品質の劣る材料を，その家屋に保持したり，染料の配合に含めたりしてはならない。このような材料による染物は品質が劣るため，染物職人はいずれの商品にもこれらを使用してはならないのである。かかる材料，及びかかる材料を使って染めた商品，またはこれらを含む商品は，これを没収するものとする。また，1回目に違反した場合には300リーヴルの罰金を科し，2回目に違反した場合には操業の停止と商店の閉鎖を命じる。但し，二流の染物職人は，灰色の布及び商品の

第9条——高価な布を黒色に染めるには，ブルー・ペールと呼ばれる青褐色の濃厚なタイセイを使用するものとする。さらに，その品質を良好に保つためには，タイセイの玉1つに対して下準備済みのインディゴを6リーヴルのみ，染浴槽のタイセイが青い色を放ち始める頃に加えるものとする。かかる染浴槽はこれを満たした後に2回以上加熱し直してはならない。次いで，ミョウバン，酒石又は葡萄酒の澱を加えて煮るものとする。その後，ふつうの茜，又は上質の茜の表皮を用いて，茜染めをおこなう。かかる後に，アレッポ没食子，緑礬及びウルシを用いて黒色に仕上げ，さらにモクセイソウ染めを施して色合いを和らげ，申し分のない黒色に染め上げるものと

19世紀の縮充機（毛織物に圧力・摩擦を加えて組織を密にする仕上げ工程）

する。上に述べたすべての色材が申し分なく美しい色を呈し，かつすぐれた耐久性を示すように，並びに，かかるラシャ布を使用する者及び身につける者への色移りや黒ずみが生じないように，すべての商人は，未染色のラシャ布を染物職人に引き渡す前に，縮充機を用いて不純物を取り除くものとする。染物職人は不純物を取り除いていないラシャ布にタイセイ染めを施してはならない。染物職人はまた，ラシャ布にタイセイ染めを施した後には，水中でかかる布を足で踏むことによってこれを縮充した後に，茜染めを施すものとする。織物が黒く染色された後には，これが毛羽立たなくなるまで充分に洗浄しなければならない。上記に違反した場合には，200リーヴルの罰金を科す。

第11条—品質の劣るラチネ，リベッシュ，英国産のサージ及びメルトン，ロンドン，オマール，アミアン，シャルトル，ムイ及びメルルー産のサージ，シャロン産の毛足の短い毛織物，ランス産のエタミーン及びサージ，すべてのダブルサージ，バラカン，並びにその他同様の品質を有する低価格の布，並びに毛布を黒く染める場合は，まずタイセイのみを使って青く染め，次いで没食子及び緑礬を用いて黒色に染め上げるものとする。この種の商品には茜染めの費用に見合うほどの値をつけることができないうえ，茜染めを施さずとも上記の方法で充分堅牢な染め上がりが得られるため

である。また，ほかの堅牢染めの染料を用いて上記の布を染めた場合にも，堅牢染めとなる。

コルベールの王令，1667年

緒言

1786年，政府の命により，ルーアンの仲買業者L・A・ダンブルネーによる『フランスに産する植物による羊毛・羊毛製品の堅牢染めの方法および経験集』が刊行された。

1770年，『染色の技術を改良する方法についての試論』という慎み深い題名で刊行された，ル・ピルール・ダブリニー氏によるすぐれた学問的著作に触発され，私はフランスの地に産する植物の中から染料となるものを見つけ出し，その数を増やしていきたいと考えるようになった。しかし私は長い間，これを実行に移さずにいた。過去にも似たような試みがなされたにちがいないが，こうした植物の染料成分が色あせしやすいために成功しなかったのだろう，と思いこんでいたためだ。しかし，尊敬すべき友人であり，今もなおその死が悔やまれてならない故ルイ・ドラフォリー氏が，いわゆる二流の染料を用いて羊毛を染める彼なりの方法を教えてくれた。これをきっかけに私は，自身の計画を実現しようと決心し，1779年9月，研究に着手した。以来，政府による承認と，高名なるマッケ氏およびその学識豊かな継承者たちの賛同を得て，この研究を進めてきた。

ノルマンディー地方原産の，あるいは順化した花，果実，樹木，植物，根からは，石鹸にも酢にも強く，900もの多様な色合いに羊毛を染めることのできる染料を得ることができた。

このようにして得られる色合いは本来すべて異なるものだが，別の植物を使用した場合でも染め上がりの色が似ていて，色調の見分けがつかないこともある。自然界は寛大にもわれわれに，同じ色を出すにもさまざまな染料の選択肢を提供し，もっとも入手しやすい，あるいはあつかいやすい染料を選ぶ自由を与えてくれているのだ。風変わりな色で衣服の染色には適さないと思われる染料が，タペストリーにおいて陰影や中間色を表現する貴重な役割を果たすこともある。

私が得た色の大半は，染料を混ぜ合わせることによってすでに得られているではないか，と反論されるかもしれない。確かにその通りである。しかしその場合，各染料の用量が正確で，かつその耐久力が均一でなければ，成功は約束されない。あらゆる染料にとって最大の災禍である空気や太陽光は，混ぜ合わされた染料の中でもとくに耐久性に欠けるものから蝕んでいき，布に色むらを生じさせてしまうのである。これに対し私の方式では，染料の耐久性がそろっていないことをおそれる必要はなく，用量を誤ることもない。太陽光に

当たるといつかは変色してしまうものの，染料が均質であるため，もしくは自然の力によってしっかりと結合しているため，色のあせ方は均一で，布に線が入ったり色むらが生じたりすることがないのである。

L・A・ダンブルネー，パリ，1786年

産業スパイ

実業家オーベルカンプは，自身が運営する工場の工程を改良したいとの思いから，競合相手の染色技術の詳細を学ばせようと，甥たちをグラスゴーに派遣した。当時，イギリスとフランスは経済上の敵対関係にあった。そんな中で，国境を越え，手紙や技術文書を無事に届けるにはどうすべきか。彼らが講じた策は，実に巧妙なものであった。

探求の成果を税関や警察から守るために，われわれを危険にさらす可能性のあるものすべてを，ミョウバンの溶液を使ってペルカリーヌ綿に記した。このミョウバン溶液は一見赤色だが，酢に浸すと完全に消えてしまう。しかし，布に染み込んだミョウバンの媒染効果は，変質することなく残るのである。このような状態にしたペルカリーヌ綿を，意図的に多めに買い付けておいた白キャラコの見本生地の中に紛れ込ませる。謎の布片が目的地に到達したら，茜染料の染浴槽に浸せば，記された内容が元通り読めるようになるのである。これこそ，捺染布の製造工程で使われる茜染めの方法に他ならない。

1809年，オーベルカンプ工場の元職工長でグラスゴーに住んでいたヘンドリーに宛てて，サミュエル・ヴィドメールが送った言付けは，懇願めいた内容だった。

ロンドンで流行しているという，トルコ赤のように堅牢で美しい赤色の話をなさっていましたね。なぜ，お手紙にその見本を同封して下さらなかったのですか。この色の成分やその製法について，ご存じないのですか。われわれはそれを一刻も早く知りたいのです。また，イギリスでファイアンスブルーを出すのに使われている方法についても，知らせて下さるとお約束いただいたはずです。

黄色の捺染についても，貴国でおこなわれていることをすべてお知らせ下さい――とくに，鮮やかな鉄黄について。われわれが使っているような，ゴムで粘性を出した黄色では，やはりあまり良い色が出ないように思うのです。

ジョゼット・ブレディフ『ジュイ布』
アダム・ビロ社（パリ）1989年
（邦訳：『フランスの更紗――ジュイ工場の歴史とデザイン』深井晃子訳
平凡社　1990年）

4 オーカーの採石場

いつの時代からフランスでオーカーの採掘がおこなわれていたのかはよく分かっていない。18世紀には、オランダ人がベリー地方のオーカーを買い取り、焼成した後にプルシアンレッドの名で売り出していた。フランスのオーカー産業は、19世紀初めに最盛期を迎えた。アプトのオーカー採石場だけで、1929年の生産量は4万トンにのぼっている。しかしこの勢いも、不況や第2次世界大戦などでそがれてしまった。

オーカーの包み

オーカーの製造

オーカーの採石場はふつう地下にある。[ヨンヌ県]ディージュから3km離れたソイイの採石場も例外ではない。ソイイではオーカーを採掘すると、採石場付近の地面に並べて、適切な度合いに乾燥させる。その後、ディージュに運んで、まず野外の地面で晒し、次に納屋で保管して、完全に乾燥させる。この時点での見た目は粘土のようだ。唯一のちがいは、見事な黄色を呈していることである。その色は、鮮やかさに少し欠けるものの、まるで金鳳花のようだ。

ふつうのイエローオーカーを製造するには、上記の土を[運び]、臼で粉砕する。1台1100kgもある機械仕掛けの銑鉄の臼が、2台で1組になっている。[……]その周りには、まるで金粉のような埃が厚い雲を成す。臼1台につき、1日当たり約2500kgの未加工オーカーを粉砕できる。

ふつうのレッドオーカーも同じ方法で作られる。つまり、ふつうのイエローオーカーをあらかじめ小さな塊にして焼いてから粉砕するのである[……]。イエローオーカーもレッドオーカーも、砕いてふるいにかけるが、どのくらい目の細かいふるいにかけるかは、製品の品質や値段によって異なる。その後砕いたものを工場で作った樽に入れて発送する。[……]イエローオーカーでもレッドオーカーでも、最高級のものを調製するには、これよりもはるかに

オーカーは、「ポワンソン(刻印)」と呼ばれる樽に入れて保存・輸送された。写真はアプト駅にて

手間と費用がかかる。イエローオーカー,レッドオーカーのどちらを作るにせよ,まずは大量の未加工イエローオーカーを攪拌機兼湿潤機に注ぎ込む。この装置から出てくるオーカーは粥のような状態になり,明るく美しい黄色をしている。次いでこれを曲がりくねった水路へと流し込み,洗浄する。傾斜が緩やかなので,液体はゆっくりと流れていく。この水路を通る間に,重いシリカは少しずつ沈殿するが,粘土分は水中に浮遊したままだ。合計約150mの道のりを経た液体は,傾瀉[混合液を静かに置き,上澄みを移し取ること]用の槽へと注ぎ込む。シリカの粒子は液体から取り除かれているが,オーカーはまだ混ざった状態である。この時点で,[オーカーは]きめ細かい黄色の糊のような外観を呈している。黄金色のマヨネーズのように見えるが,もっときめが細かいので,半熟卵の黄身のようだと言った方が良いかもしれない。上の部分はまだ液体に近い状態だが,これを汲み取って圧濾器へと注ぎいれる。そして圧濾器の中に残った美しい黄色のケーキ状の物体を乾燥させる。[また,残りのオーカーで「ブリオッシュ」を作り,2週間から1ヶ月ほど乾燥させる。]こうして乾燥させた「ブリオッシュ」や「ケーキ」を,ふつうのオーカーと同じように粉砕するのだが,この際,最高級のイエローオーカー用の臼を使う。

[最高級の]レッドオーカーを作るには,上記の「ブリオッシュ」を,望ましい色合

いになるまで専用のかまどで焼き，レッドオーカー専用の臼で微細な粉末状にする。イエローオーカー，レッドオーカーともに，臼を使って粉砕できるブリオッシュの量は，1日当たり4000kgである。

　こうして得られた黄色の粉末をふるいにかける［……］。色合いや粒子の細かさ，ふるいの目の細かさによって，イエローオーカーは7種類，レッドオーカーは8種類に分類される。色の薄いイエローオーカーやレッドオーカーは，「ふつう」のオーカーと呼ばれる。色の濃いものは「美しい」とされ，色の濃いものは「グルアン」と呼ばれる。

G・ラノルヴィル，〈ラ・ナチュール（自然）〉誌1913年8月号

5 ものに色があるのはなぜ？

色彩に関連する物理現象は20種類近くにのぼる。その中でもとくに重要な現象は，色光の放出と吸収，散乱の3つだ。初めの2つは物質内部の特性による現象であり，散乱は物質の表面特性，より厳密に言えば物質とその環境（媒質）とが接する界面（シュポール）の特性に関わる現象である。顔料を砕く際，媒材でのばす際，そして絵具で基底材の表面を彩るさいにも，この表面特性が深く関わってくる。

光の放出と色彩——加法混色

物質のなかには，光や電子線，核反応，化学反応などによる刺激を受けると，固有の光を発するものがある。人間の目で知覚できる波長の，青（「紫」と呼ばれているがこれは誤りである）から赤までの光だ。太陽や蛍などが光を放つのもこのためである。あらゆる色光は，青色，緑色，赤色の光をそれぞれ発する物質をうまく選び出し，その3色の光を適量で重ね合わせることによって得ることができる。これを加法混色という。

しかし実際には加法混色で白色光を出すのは難しい。重ね合わせると白色光となるような，バランスのとれた3色の光をそれぞれ放つ物質は，なかなか見つからないのである。この特性を備えているのが，イットリウムやユウロピウムなどといった希土類元素の酸化物や硫化物であり，顔料（蛍光体）として，カラーテレビの画面や，蛍光灯の内側に塗る塗料などに使われている。

光の吸収と色彩——減法混色

しかし多くの場合，固体や液体に色があるのは，それが光を放出しているためではなく，可視光の一部を吸収しているためだ。

この現象は，われわれをとりまく物質のほとんどに当てはまる。葉や花，金属，岩

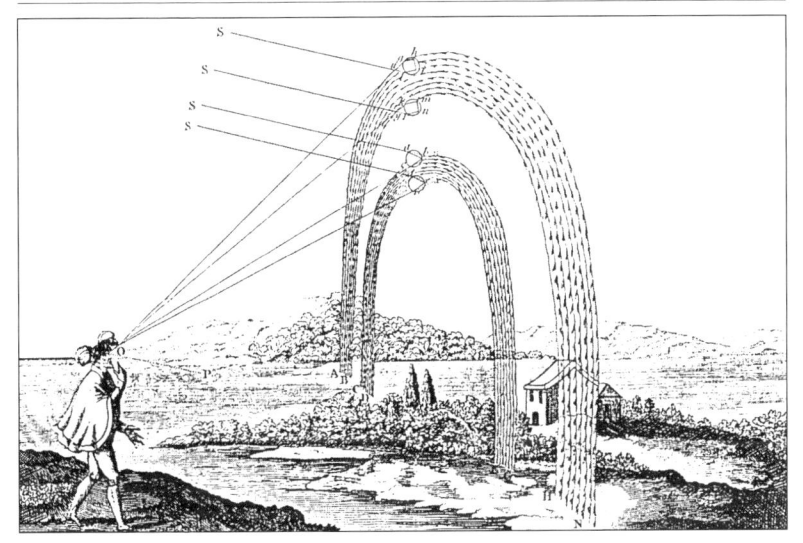

虹の色。アユイ神父『物理学原論』(1806年)図版より

石、陶磁器、絵具層、染物などに色があるのは、すべてこの原理によるのである。ある物質が可視光をすべて吸収するとしたら、その物質は黒く見える。逆にまったく吸収しないとしたら、その物質は透明である。多種多様な色彩を得るには、さまざまな有色物質を適切な分量で混ぜ合わせていけばよい。つまり、吸収する光の色を足し合わせていくということだ。したがって、色は混ぜ合わせれば混ぜ合わせるほど暗い色になり、黒に近くなっていく。これを減法混色という。なお、光の放出と吸収が同時に起こるように、たとえば、黄色光を放出し、青色光を吸収するようにした場合、得られる色（この場合は黄色）は蛍光色と呼ばれる。

物質の構造と色彩

左に述べた光の放出と吸収とはつまり、エネルギーの放出と吸収のメカニズムであり、有色物質に含まれ、その構造を決定している電子の励起と脱励起に関わる現象である。したがって、物質の色とその構造には密接な関わりがある。色をもとにしてその物質を物理学的に特定できるのもこのためだ。

電子が属する単位には、単純なものもあれば複雑なものもある。もっとも単純なのは原子（あるいはイオン）だ。エネルギーをどのように吸収するかは、鉄、クロム、銅、コバルトなど、それぞれの原子の性質や電荷、そして、じかに接している環境が

どのようなものかによって異なってくる。たとえば，炭酸銅である孔雀石（マラカイト）は，8面体の先端に位置する「炭酸基」が銅を囲む構造になっており，濃い緑色を呈している。しかし，この先端の炭酸基2つがOH^-2つに置き換わると，鮮やかな青色の藍銅鉱(アズライト)となるのである。また，複数の原子からなるイオンが共有する電子のはたらきで，光が吸収されることもある。クロム酸塩，バナジン酸塩，モリブデン酸塩，硫酸塩などがその例で，これらは青から緑までの波長の光を吸収するため，その補色である黄色，橙色，赤色などを呈する。ポリ硫化物イオンも同様で，たとえばラピスラズリの主成分である青金石（ラズライト）の青色はS_3^-イオンによるものである。光の吸収はまた，葉緑素や染料など炭素を含む芳香族の高分子化合物，あるいは金，銀，真鍮などの金属といった，さらに大きな単位で起こることもある。この場合，分子全体，あるいは金属全体が共有する電子のはたらきによって，光が吸収されることになる。

「画家のアトリエ」(部分)，
フィリップ・ハレの版画

色のついた物質を見る

人が色を感じ取るには，色のついた物質があるというだけでは充分ではない。物質に色がついているということは，人が色を知覚するまでに起こる一連の現象の，1つの段階にすぎないのだ。物質自体が光を発するのであれば，光を受け取る器官（目）と，解釈を加える器官（脳）があればよい。しかし光を吸収する物質の場合は，これらに加えて光源が必要になる。赤色も，光が当たっていなければ赤色として認識されることはないのである。また，光源を白色光から別の色の光に変えると，物質の色も違って見える。この現象はよく知られており，紫外線を使った偽札の判別や，絵画に加筆された跡の識別などに利用されているが，一方で，顔料や染料の選択にも大きな影響を及ぼしてきた。照明手段がろうそくの炎からガス灯，電灯へと移行していくにしたがって，顔料や染料の選択も変わっていったのである。そのためフランスでは，周囲の照明に左右されることのない「リュミエール（光）」と呼ばれる色材が開発された。

彩色を施した品を製造する人々にとっては都合の良いことに，知覚される色

が物質によってすべて異なるわけではないので,特定の色合いを出す方法はいくらでもある。色材を選ぶさいには,顔料や染料の価格,無害であるかどうか,耐光性にすぐれているか,などが基準となる。

顔料を砕く

絵を描くためにペースト状の絵具を用意するにあたって,画家はその材料を,食料品店や雑貨店,そして後には,薬剤師(ピグメンタリウス)から仕入れていた。顔料の語源である中世ラテン語「ピグメンタ(ピグメント)」は,色材だけでなく,香辛料(唐辛子(ピマン)の語源となっている)や医薬品をも指す言葉であった。画家の徒弟たちは,所属する工房で独自に確立した製法に従い,手作業で絵具を調製した。こうした製法は,工房ごとに実地で試しつつ徐々に改良を加えたもので,それぞれ外部に洩れないよう細心の注意を払っていた。

絵具を調製するさいに不可欠な作業が,粉末化(粉砕し,すりつぶすこと)である。これには3つの目的がある。まず,岩石の状態である色材を,その性質や,どんな効果を出したいかに応じて,適切な大きさの粉末にすること。第2に,それぞれの粒子の表面を単分子層(帯電している場合もある)で覆うことで,分散を促し,媒材にしっかりと付着させること。そして最後に,媒材中に顔料を力学的に分散させ,適切な濃度の均一なペースト状にすることだ。こうしてペースト状にした絵具の成分は,保存中に分離してしまうことはない。

顔料をすりつぶすことによる副次的な効果

物質が粉末状になると,その表面積は増加するが,体積は変わらない。つまり,体積比表面積が大きくなる。これには,力学的効果と光学的効果がある。

黒鉛の心のデッサン用鉛筆

まず力学的効果について説明しよう。粒子の直径が0.1μm未満になると，表面張力によって粒子に大きな圧縮応力がかかる。この結果，吸収される光の幅が波長の短い方へと移動する（つまり，青の方に近づいていく）ことがある。黒色のヘマタイトを砕くと赤色や橙色になるのも，赤色の硫化カドミウムを細かくすると黄色になるのも，このためである。一方，ゲーサイトや炭など，影響を受けない顔料もある。

では，光学的効果とは何だろうか。物質は光を当てられると必ず，受けた光のごく一部をその表面から散乱させる。この現象は，顔料粒子と媒材の屈折率が異なるほど際立って見える（もし屈折率が同じなら，光は顔料と媒材の境界線をまっすぐ通り過ぎてしまう）。顔料を細かくすることで表面積が増え，したがって散乱する光の量も増えるため，白色光が当たっている場合，顔料の色は細かく砕けば砕くほど淡くなっていく。その一方で，細かく砕いた顔料は媒材中にしっかりと行き渡り，光との相互作用がより活発になる。顔料をあまり細かく砕かなければ，こういった効果も抑えることができるし（エジプトブルー，スマルトなど），顔料と同じ屈折率を持つ媒材を選べば，効果をゼロにすることもできる。後者の場合，顔料は透明になり，絵具の被覆力は弱くなるが，色の鮮やかさは増すのである。

色彩と表面——白色顔料

したがって，白色顔料は以下のように定義することができる——白色光で照らした場合に何の色も呈することがない粉末で，屈折力が高く，しかも可能な限り細かく砕いたもの，である。一般的に使われる媒材の屈折率は，水（$n=1.3$）を皮切りに，ポリマー（$n=1.5$）にいたるまで，時代が下るにつれて上がっていった。このため，方解石（$n=1.5$）などといった昔ながらの顔料は使用を諦めざるを得なくなり，代わりにより屈折率の高い酸化チタン（$n=2.6$）などが使われるようになってきた。

画家のタッチと色の転移

2つの物質が接触すると，柔らかい方の一部が，硬い方へと移される。柔らかい物質に色がついている場合（チョーク，鉛筆，インク，絵具など），接触によって目に見える跡が残る。このように色が移動しなかったとしたら，絵画は存在しなかっただろうし，文章を書くことも印刷することもできない。色の転移は，人間が思考を伝達していくうえで，大きな役割を果たしてきたのである。

色の転移は，2つの物質が接触して互いに付着した結果，柔らかい方の物質の内部で形成されている接合部分が切断されて起こる現象である。この切断が柔らかい物質の奥深くで起こるほど，その転移の

効果は際立つ（つまり，はっきりと見えるようになる）。効果を際立たせるには3つの方法がある。まず，基底材(シュポール)をより硬くざらざらとしたものにすること。たとえばデューラーの時代には，紙に骨粉を塗りつけてから，色の転移がほとんど起こらない硬い銀尖筆を使って絵を描いていた。第2の方法は，色材を柔らかくすることである。そのためには，鉛筆の芯の固さや絵具の粘着性をしっかりと見極める必要があった。どんな結合材が使われているかによって効果が大きく異なるからだ。そして最後に，接触させる際の圧力を強める方法がある。つまり，紙に鉛筆を，あるいはキャンバスに筆を，より強く押し付けるのである。

6 理想の黒

　黒も，白と同じように，観念的な色である。完全な黒は実現不可能だ。美しい黒の染物を作り上げようと，人は何世紀にもわたって努力を重ねてきたが，いまだに真の黒色は得られていない。とはいえ，顔料の世界では少々事情が異なる。光を完全に吸収する色材であるカーボンブラック（黒炭）が，かなり古い時代から知られていたのである。以来多くの芸術家たちが，黒という色，そして黒の画材に関心を寄せてきた。

■フィンセント・ファン・ゴッホの黒

　フィンセント・ファン・ゴッホは1883年初め，黒と白のみを使ってデッサンや習作を重ねており，深みのある黒色を出せる色材を探し求めていた。その探求の様子が，以下に引用する手紙から読み取れる。ゴッホはここで，山クレヨン(クレ・ド・モンターニュ)と印刷用インクを使った経験について語っている。

親愛なるテオ，

　[……]山クレヨンを何本か郵便で送ってくれたら，こんなに嬉しいことはないのだが。あのクレヨンには，魂と生命があるよ。コンテ鉛筆は死んでいるも同然だとぼくは思う。見た目の同じバイオリンでも，弾いてみると片方は美しい音色を奏でるのに，もう片方はまったく駄目だということがあ

画家たちのアトリエ「ラ・リューシュ」（1968年）

るだろう。

　山クレヨンは，豊かな響きと音色を秘めている。まるで，ぼくのやりたいことを理解しているみたいだ。たいへん利口で，ぼくの言葉に耳を傾け，きちんと言うことを聞いてくれる，そう言ってもさしつかえないほどだよ。ところがコンテのほうは冷たく知らん振りで，まったく非協力的なのだ。山クレヨンには，ほんもののジプシーの魂がある。もしもあまり負担にならないようだったら，この素晴らしいクレヨンを何本か送ってくれないか。

ラッパルト君，
　[……] 黒白のデッサンを描くこんな方法を，きみはどう思う？　まず，鉛筆か木炭を使ってデッサンをする。できる限りきちんと仕上げはするが，出来上がりの弱いところや不完全なところはまだ気にしなくていい。デッサンができたら，ごくふつうの印刷用インクと，たとえば茶色を少し，そして油絵具の白をパレットに置く。インクはふつう，タールのようにどろどろしている。これを，絵具といっしょにテレビン油で混ぜ合わせるんだ（もちろん，ふつうの油は入れずに）。そうして，デッサンの仕上げに戻る。このときは，当たり前だが絵筆を使うんだよ。

　僕はここ数日，この方法を試している。もちろん主な材料は，テレビン油で薄めた印刷用インクだ。薄くのばして，デッサンに淡彩を施してもいいし，もっと濃くしておいて，黒のとても深い色調を出してもいい。

黒は抽象概念である

　どの色を選択するかよりも，どのようにその色を使うかが重要である。

　厳密に言うと，色彩というものは存在しない。あるのは色材だけだ。同じウルトラマリンの粉でも，それを油に混ぜるか，卵，牛乳，ゴムでのばすかによって，見た目が異なってくる。さらに，これを石膏の上に塗るのか，あるいは木，厚紙，キャンバスに塗るのか，そして，当然だがどのようなキャンバスを使うのか，どのように下準備したキャンバスであるのか，絵具を塗った後に滑らかにするのかどうか，透明性はどの程度なのかなどのちがいによって，その様相は限りなく多様になる。どんな場合でも，ある程度は下地が透けて見え，独特の効果を発揮する（もっとも，これを裸眼ではっきりと認めるのは難しいかもしれないが）。同じ色を使っていても，その色の使い方に配慮がなければつまらないものになるし，逆に良い使い方をすれば，そこには深い意味が生まれる。黒のサテン，黒のラシャ，紙にできた黒インクのしみ，黒い靴墨，煙突の煤，タール——こういったものすべてが「黒」というたった1つの形容詞のもとに，不当にも混同されている。黒，それは抽象概念だ。黒は存在しない。

あるのは，黒い色材だけだ——しかしそのなんと多様なことか。輝きや光沢があるかどうか，滑らかであるか，ざらざらしているか，細かいか，などといったちがいが重要なのである。また同じ黒の絵具でも，柔らかい筆，硬い筆，パレットナイフ，海綿，布切れ，指，棒など，何を使って塗るかによっても異なるし，さらには帯状に塗るのか，その場合，その方向は水平なのか垂直なのか，あるいは，縦横，斜め，もしくは円を描くように塗るのか，それとも吹き付けるのか，粒を残すのか，滑らかに磨くのかによっても，まったく違ってくる。さらに，その黒色顔料はすりつぶした後に油でのばしてあるのか，糊でのばしてあるのか，顔料の粒はどのくらい細かいか，液体に溶かして柔らかくしてあるのか——こうしたことすべてが，重要なのである。このように，どの色を選ぶかよりも，色材をどのように塗り，どのように見せるかの方が，はるかに重要だ。顔や木を描くのに，黒を使うか，青を使うか，赤を使うかは，あまり重要な問題ではない。それよりも，その選んだ色をどのように使うかが肝要である。あえて，こう言おう。私は，黒だけで（黒と白ではなく，黒一色で）自分の絵を塗っても良いと思っている。ただし，場合に応じて1000もの方法を使い分けるのだ。そうすれば，失われるものはほとんどない。現実と同じ色を再現したとしても，上に述べたような多彩さがなければ，何の意味もない。色自体には，一般に考えられているほどの重要性はない。それよりも，どのようにその色を使うかの方が大切なのである。

ジャン・デュビュッフェ『仕事中の一般人』
　　　　　　　　　　　ガリマール社，1973年

……………本文図版中の訳……………

●p.49
茜の赤色(ルージュ・ド・ギャランス)と呼ばれるふつうの赤色は、ブラジルスオウやその他の染料は混ぜずに、純粋な茜のみを使って染める。

●p.51
褐色に近い濃い青色に染めるには、タイセイの染色力がもっとも強い最初のうちに染色をおこなう。薄い青色に染めるには、作業が進むにつれて染色力が弱まる性質を利用する。

●p.61
上質のケルメスレーキを作るには
上質のケルメスで染めた緋色の毛織物を剪毛して得られる毛屑を、1リーヴル用意しなさい。次いで、真新しい鍋をあまり濃くないアルカリ溶液で満たし、毛屑をその中に入れ、アルカリ溶液に色がつくまで、鍋を火にかけて煮立てる。これが終わったら、広口で底のほうが狭い小袋を用意し、煮立てたケルメス染めの毛屑とアルカリ溶液をこの中に入れ、その下に容器を置く。こうしたうえで、小袋の中の物質も色も可能な限り流れ出すよう、小袋を十分に絞る。これが終わったら、下に置いた容器に注ぎ込んだ、色のついたアルカリ溶液で、毛屑と小袋をすすぐ。この時点で毛屑にまだ色が残っているようなら、新たなアルカリ溶液に入れて再び煮立て、上記の手順を繰り返しなさい。これが終わったら、色の付いたアルカリ溶液を火にかけるが、この際沸騰しないよう気をつけること。これと同時に、清潔な鍋に清水を入れて火にかけておき、この水が熱したところで粉末状のミョウバンを5オンス加える。ミョウバンが溶け込んだら直ちに、上記と同様の小袋を用意すること。色の付いたアルカリ溶液が熱せられたら火から下ろし、この中に上述のミョウバン溶液を入れる。こうして混ぜ合わせた液を小袋に注ぎ込み、下には鉛の容器を置く。袋の底のほうの色が赤くなっているか否かを確認し、もし赤くなっていたら湯を小袋に注ぎ込む。下に置いた容器に流れ込んだ液体も、再び小袋に注ぎ込む。こうして何度も、小袋の下に流れ出した液体を再び注ぎ込み、流れ出してくる液体が赤色ではなくアルカリ溶液のごとく透明になるまで、これを続けなさい。こうして水分がすべて流れ出した後の小袋には、色材が残っているので、これを木のへらで小袋の底に集め、塊状あるいは板状など、好みの形に整えた後、新しく清潔なタイルに載せて乾燥させなさい。なお、この際には日陰または風通しの良い場所を選ぶべきであり、日向で乾燥させてはならない。このようにして、すぐれた色材を得ることができる。

●p.78
筆記や絵画に適した緑色の製法
酢酸銅を酢で溶き、亜麻布で漉した後、清水を加えて斑岩の上ですりつぶしなさい。そこに、すりつぶす手を止めることなく、蜂蜜を少々加えなさい。十分に乾かした後、アラビアゴムを加えた水を加えて再びすりつぶすと、色材が得られる。

用語集

アメリカクロガシ（Quercitron）：アメリカ大陸産のカシの一種 *Quercus velutina*。樹皮に黄色の染料成分が豊富に含まれている。なかでも主な成分であるケルシトリンは、1815年にシュヴルールによって単離された。19世紀には大量に輸入され、インド更紗の製造に大々的に使用された。

霰石（Aragonite）：鉱物。炭酸カルシウム$CaCO_3$。結晶は斜方晶系。古代には方解石とともに、白色顔料としてもっとも広く使われていた。

アルメニアンボールス（Bol d'Arménie）：きめ細かいレッドオーカーの一種。金箔を貼るさいの下地としてよく用いられる。金箔を貼ると、立派で高級な印象を与えることができるが、金は高価な金属だ。金をなるべく使わずに美しい金箔貼りを実現する方法として、金箔師は、非常に薄く（0.1μm）、ところどころ透けて見える金箔を作る技術を身につけていた。このような金箔を使うと、下地の色合いや、金が通す光の緑色によって、金箔の色が微妙に変化する。そこで、黄色（金が反射する黄色光を強めるため）あるいは赤色（金が通す緑色光を吸収させるため）の下地の上に、この極めて薄い金箔を貼るようになった。古代にはすでにこの技法が知られており、皮膠で固めたアルメニアンボールスが「下塗り」に使われていた。下塗りを施し、表面を磨いて滑らかにした後、その上に金箔を貼るのである。

鋭錐石（Anatase）：鉱物。白色の酸化チタンTiO_2。結晶は正方晶系。屈折率が高いため、白色顔料として現在用いられている。

エジプトブルー（Bleu égyptien）：狭義では、人工的に作られたケイ酸銅カルシウムの結晶。組成式は$CuCaSi_4O_{10}$。広義では、これにナトリウムを加えて作る青ガラスの総称。

鉛白（Céruse）：白色の塩基性炭酸鉛$2PbCO_3 \cdot Pb(OH)_2$。白鉛ともいう。鉛白は古代から、鉛の薄片を空気中で酢酸の蒸気と反応させることによって製造されていた。被覆力の強い白色で、乾燥を促す性質もあり、ほぼ完璧な白色顔料といえるが、欠点が2つある。ある種の硫化物に触れると黒く変色してしまうこと、そして毒性があることだ。フランスでは18世紀、白と金の装飾が流行したが、この際使われたロイヤルホワイトの主成分は鉛白であった。その白色を保つには、10〜15年ごとに塗り直さなければならない。いわゆる「グリ・トリアノン（トリアノン宮殿の灰色）」は、鉛白が硫黄に触れることで時とともに黒ずんでしまった結果にほかならない。

オーカー（Ocre）：広義では、酸化鉄（黄色の場合はゲーサイト$FeO(OH)$、赤色の場合はヘマタイトFe_2O_3、粘土（カオリナイトが一般的）、そして石英粒子SiO_2が自然に混合した岩石。商品としてのオーカー（イエローオーカー、レッドオーカー）を指

用語集

す場合は、上記から石英を取り除いた酸化鉄と粘土の混合を意味する。オーカーという名称は、古くはさまざまな有色土を指す言葉として使われていた。たとえばブラックオーカーは、黒鉛、石英、水和アルミノケイ酸塩の混合である。

カッセル土 (Terre de Cassel)：泥炭などの有機物質を多く含む黒土。

カーボンブラック (黒炭, Noir de carbone, carbon black)：炭素の微粒子で、構造は黒鉛と似ている。タイヤや印刷用インクなどに使われ、また粉末状にしてコンピューターのプリンターにも利用されている。世界でもっとも多く生産されている顔料であり、用途に応じてさまざまな形で製造される。

乾燥剤 (Siccatif)：絵具層の乾燥を促す物質。多くの場合、結合材の重合を促す触媒として作用する。顔料のなかには、それ自体が乾燥剤としての役割を果たすものもある（鉛白）。また、逆の作用を及ぼすものもある（ヴァンダイクブラウン）。

黄色顔料 (Jaunes)：カドミウムイエロー：硫化カドミウムCdS。クロムイエロー：クロム酸鉛$PbCrO_4$。鉛錫黄：錫酸鉛$PbSnO_4$。ナポリ黄あるいはアンチモンイエロー：アンチモン酸鉛$Pb_3(SbO_4)_2$。これらの黄色顔料の化学式が似通っていることに気づかれただろう。酸素原子4つに金属原子1つが囲まれているという構造をした化学基の多くは、青色光を吸収する。したがって、黄色に見えるのである。

銀黄 (Jaune d'argent)：彩色ガラスにおいて使われる。ナトリウム分の豊富な無色ガラスに、銀を拡散させることによって得られる黄色。この技術はフランスで1300年前後に編み出された。ガラス絵師が使用していたのは、銀の化合物を含む無色の絵具だ。炉で熱すると、ガラス内で銀が拡散し、ガラス面に色がつく。用いられる銀の量や、加熱の温度によって、淡黄色からオレンジ色まで多彩な色合いを出すことができる。この銀黄をステンドグラスの外面に塗ると、大きな白色ガラス一片の上に、顔黄金色の髪、頭に被った布に施された金の装飾、光背などを表現することができた。

金紅石 (ルチル, Rutile)：鉱物。酸化チタンTiO_2。結晶は正方晶系。現在広く使われている白色顔料である。

孔雀石 (マラカイト, Malachite)：鉱物。緑色の塩基性炭酸銅$CuCO_3 \cdot Cu(OH)_2$。

クロム鉄 (Fer chromé)：鉱物。クロム酸鉄$FeCrO_4$に与えられた最初の名称。後にはクロムを含む鉄と呼ばれるようになり、現在はクロム鉄鉱と呼ばれている。

鶏冠石 (リアルガー, Réalgar)：鉱物。リアルガーという語は、アラビア語の「洞窟の粉」に由来する。赤色の硫化ヒ素As_2S_2。

珪孔雀石（クリソコーラ, Chrysocolle)：鉱物。水和ケイ酸銅$CuSiO_3 \cdot nH_2O$。非晶質であることが多い。

用語集

ゲーサイト (Goethite)：鉱物。黄色の水和酸化鉄 α-FeO(OH)。

紅鉛鉱 (クロコアイト, Crocoïte)：鉱物。当初、シベリアの紅鉛鉱と呼ばれていた。鮮やかなオレンジ色のクロム酸鉛 $PbCrO_4$。

磁赤鉄鉱 (Maghémite)：鉱物。酸化鉄 γ-Fe_2O_3。

樹脂酸銅 (Résinate de cuivre)：酢酸銅を瀝青、テレビン油と混合し、腐食性を抑えた顔料。

白色顔料 (Blancs)：シルバーホワイト：鉛白を参照。白鉛：鉛白を参照。ルーアン白：白墨、方解石。ジンクホワイト：酸化亜鉛 ZnO。ブランフィクス：硫酸バリウム $BaSO_4$。

白粘土 (Argile blanche)：古代使われていた白色顔料の1つ。

辰砂 (Cinabre)：鉱物。赤色の硫化水銀 HgS を指す。結晶は六方晶系。同じ組成だが結晶化のしかたが異なる黒い鉱物も存在し、これは黒辰砂と呼ばれる。鉱脈では多くの場合、これら2種類の辰砂が同時に見つかる。

石黄 (Orpiment)：鉱物。黄色の硫化ヒ素 As_2S_3。（古名は雄黄）

セピア (Sépia)：ジェノヴァ湾で獲れるイカが分泌するイカ墨。淡彩画に用いられていたようだ。主成分はメラニンなので、耐光性がほとんどない。現在、どのような分析方法を用いても、この色材を確認することはできない。

鉄明礬石 (Jarosite)：鉱物。水酸基を含む鉄とカリウムの硫酸化合物 $KFe_3(SO_4)_2(OH)_6$。ミョウバン石の一種である。カリウムではなくナトリウムを含むこともある（ソーダ鉄明礬石）。色調は鋭い黄色から褐色までさまざまである。

パテントイエロー (Patent Yellow)：黄色のオキシ塩化鉛 $PbCl_2 \cdot 5PbO$。

ビスタ (Bistre)：樹脂性でない木を燃焼させてできる細かい煤を溶かしたもの。カーボンブラック（黒炭）と木タールの混合であり、耐光性にすぐれた黄褐色の色材となる。淡彩画によく用いられた。

プルシアンブルー (Bleu de Prusse)：フェロシアン化第二鉄。組成式 $Fe_4[Fe(CN)_6]_3, nH_2O$ またはこれに類似する化合物。プルシアンブルーの構造は極めて複雑であり、製法によっても異なる。

ヘマタイト (Hématite)：鉱物。酸化鉄 α-Fe_2O_3。塊状では黒色だが、粉末状にすると色が変わる。紫がかった赤色からオレンジ色（サンギーヌ）までと幅がある。

方鉛鉱 (Galène)：鉱物。黒色の硫化鉛 PbS。古代エジプトで目の周りに塗っていた、コールと呼ばれる化粧品の主成分である。

用語集

方解石（Calcite）：鉱物。炭酸カルシウム $CaCO_3$。菱面体晶系の結晶。フレスコ画で使われる代表的な白色顔料である。

　白大理石や白墨などといった岩石を砕くことによって製造する。また、石灰を塗ることによっても得られる。消石灰 $Ca(OH)_2$ の水溶液を塗ると、これが空気に触れて炭酸カルシウムとなるのである。

ミニウム（鉛丹, Minium）：オレンジ色の酸化鉛 Pb_3O_4（97％）と、鉛の酸化あるいはリサージの焼成によって製造される赤色の酸化鉛 PbO の混合。下記と同名だが異なる物質。

ミョウバン（Alun）：硫酸アルミニウムカリウム、$Al_2(So_4)_3, K_2SO_4, 24H_2O$。ミョウバン石 $KAl_3(OH)_6(SO_4)_2$ という鉱物を含む岩石から抽出される。これにはまた鉄塩も含まれており、この鉄塩が染め上がりの色合いを左右する大きな要因となる。岩石を500℃まで熱して、上記の化合物を湯に溶かし、その溶液を冷ます。こうすると、鉄の入っていない純粋なミョウバンの結晶が得られる。トルファの鉱山で最終的に得られるミョウバンの量は、切り出した岩石の総重量の2％である。

木炭（フュザン, Fusain）：まゆみの木で作った素描用の木炭。カーボンブラック（黒炭）の一種である。

モザイク金（Or mussif）：鉱物。赤銅色に近い黄色の硫化錫 SnS_2。

ラピスラズリ（Lapis lazuli）：青色の岩石。その青色は、青金石（ラズライト）という鉱物に含まれる S^{3-} イオンによる。

藍銅鉱（アズライト, Azurite）：鉱物。青色の塩基性炭酸銅 $2CuCO_3 \cdot Cu(OH)_2$。岩群青ともいう。

リサージ（金密陀, Litharge d'or）：黄色の酸化鉛 PbO。マシコットともいう。

リトマスゴケ（Orseille）：さまざまな地衣類から採れる赤紫色の染料の総称。海生のリトマスゴケは、温暖な地方の海岸（地中海、カナリア諸島）で採れる。陸生リトマスゴケは、北方の花崗岩質の土地（スコットランド、アイルランド）で採れる。リトマスゴケは、アクキガイによる赤紫色の代替染料として使われた。玉虫色や深紅の色調も得ることができる。

緑塩銅鉱（Atacamite）：鉱物。塩基性塩化銅。

緑土（Terre verte）：岩石。セラドナイトs、海緑石、または緑泥石を多く含む緑色の粘土。

INDEX

あ

IGファルベン社　124
藍銅鉱　30・52・60・68
亜鉛華（ジンクホワイト）　87・88
赤土　19
茜　24・36・46・47・48・49・50・51・87・101・102・106・107
茜レーキ　30・32・53・56・60
アクキガイ　24・39・41・44・75
アグファ社　116
アグリコラ　60
『ベルマヌス，あるいは鉱山についての対話』　60
アゾ系赤色染料　108・109
アナットー　93
アニリン　102・103・104・105・111
アメリカクロガシ　93・102
アラバスター　25
アラブ商　51
霰石　31・32
アリザリン　101・102・103・106・107・117
アンソール，ジェームズ　119
アリマタヤのヨセフ　55
アルカンナ　29・46
アルタミラ　20
アルデヒドグリーン　104

『アルベール・モデルヌ—最新の発見に基づいてまとめた,正統かつ確実な新しい技法』　138
アレクサンドリアブルー→エジプトブルーをも見よ　30・31・32・33・35・36・37・54
アンチモン　85
アンテフ王　26
アントワープブルー　81
アンバー土　19
イエローオーカー　18・20・25・31・32・52・68・80
色見本　71
インク　24・26・28・29・123
イングリッシュグリーン　86
印象派　119
インダンスレン　111
インディアンイエロー　85
インディゴ　29・38・39・41・47・49・51・52・53・54・55・56・60・68・71・73・87・92・93・94・96・97・99・102・106・111・114・116・124
インド赤　95
インペリアル・ケミカル・インダストリーズ社（ICI）　123・125
ヴァン・ゴッホ　115・117・118・158・159
ヴィヴィアン＝ドノン　26

ヴィクトリア女王　102・103
ウィット　106
ウィトルウィウス　32・35・39・60
『建築書』　60
ウィンザー＆ニュートン社　117・119
ウージェニー皇后　102
ヴェッティの家　31
ヴェネツィア　74・75・75
ヴェルガン　103
ヴェローナ緑土　33
ヴォクラン　84・86
ウコン　51
ウッドワード　80
ヴュルツ,Ch.A　105
ウルシ　46・111
ウルトラマリンバイオレット　87
ウルトラマリンブルー　87・124
ウルビーノ　67
ウンフェルドルベン　102
エジプト　24・25・26・27・28・28・29・30・36
エジプトブルー（アレクサンドリアブルー）　24・25・26・27・32・37・41・44
エトルリア人　32
エニシダ　46
絵մ層　25・30・80・116・117・63
エマイユ・クロワゾネ　65

エマイユ・シャンルヴェ　65
エメラルドグリーン　87
エロー,ジャン　90・96
鉛錫黄　44・80・84
鉛錫塩　62・63
鉛丹　52・56
鉛白　27・30・32・36・52・55・57・80・87・88
エンブレマ　31・32
黄土　18・19・20・21・23・26・36・41・85・101・125
オーカー　18・19・20・21・23・26・36・41・85・101・125
オーカー土　20・21・22・41
オートクローム　107
オーベルカンプ,C.P　90・91・92・93
オキシ塩化鉛　85・86
オスマン　90・92
オルシン　102

か

カーマイン色素　61
海緑石　32
カヴェンディシュ,ヘンリー　84
カオリナイト→粘土を見よ
学生の書写版　29
カシウス　80
褐鉄鉱→リモナイトを見よ　19

INDEX

壁紙	86	クロムイエロー	84・86
カラメル色素	129	クロム酸亜鉛	85
ガリア	32・37	クロム酸鉛	86
カルトナージュ	25	クロム媒染	111
ガレノス	36	桑の実	29・46
キージ,アゴスティーノ	73	鶏冠石	26・30・32・36
キナクリドン	117・119	珪孔雀石	44
「貴婦人と一角獣」	54	ケイ酸銅カルシウム	27
ギメブルー	89・113	ゲーサイト	19・30
ギリシア	30	ケクレ,アウグスト	105
麒麟血	56	化粧品	30
ギルド	47・48	結合材	44・76・84
金色	55	『ケルズの書』	44
クーパー,アーチボルト	105	ケルメス→コチニールをも見よ	29・41・61・75
クールトワ	88	ケルメスレーキ	68
クールマン,フレデリック	89	『工芸技法の極意』	138
クールマングリーン	89	合成アリザリン	106・117
クールマン社	123	合成インディゴ	124
孔雀石	62・26・30・44	コーギャン	117・118
グラナ→コチニールをも見よ	75・76	コール	27
栗	46	コカーニュ	50
グリース	109・119	国立ゴブラン織工場	83・84・89
クルツ.P	86	国立セーヴル製陶所	26・71
クルミ	16	コチニール(カイガラムシ)	51・61・74・75・76・108・114・129
グレーベ	106	コチニールレーキ	80
クレタ島	24	コバルト	27・36・67・81
クレムス白	88	コバルトブルー	87
クロウメモドキ	19 47・76		
クロガシ	93		

コプト人	17・38	シャブティ	24
ゴフ・ランド,J	119	ジャベル水	81・113
コラン	102	シャルトル大聖堂	43
コルビー修道院	55	朱	52・55・56・60・62・68・80
コルベールの王令	144-147	シュヴルール,ミシェル-ウージェーヌ	84・89・102・118
コンゴーレッド	114	樹脂酸銅	44・56・62・68
		酒石酸カリウム	49
さ		ジュベール	86
		ジラール	104
酢酸銅	85	白粘土	30
『さまざまな技法について』	135・136	新印象派	119
サン=ヴィターレ聖堂	41	人工ウルトラマリン	88・89・127
サン=ドマング	96・99	人工ミョウバン	84
酸化アンチモン	65・67	辰砂	30・31・32・35・36・60・76
酸化鉛	36・37・63・67	真鍮	56
酸化コバルト	65・113	スイバ	46
酸化錫	65	煤	18・28
酸化鉄	19・21・65	メタビアエ	33
酸化鉛	65・65	スティル・ド・グレン	53
酸化マンガン	19・20・21・67	ストラボン	68
ジアゾ化合物	119	『世界地誌』	68
シェーレ,カール・ヴィルヘルム	84・85	石黄	26・30・44・45・52・55・56・62
シエナ土	19・85	セッコ画法	31
ジェノヴァ	72・75	セピア	85
磁器	71	セラドナイト	33
色相図	71	ゼラニウムレーキ	116・118
磁赤鉄鉱	21	走査型電子顕微鏡	63
七宝細工	65	測色計	89
シャノタル,J-A.	30・81・96		

INDEX

た

ターナー	85
大航海時代	72・73
タイセイ	23・49・50・51・54・93・96・97・121
炭酸カルシウム	32
『単純薬剤論』	57
タンニン	29
ダンブルネー，L・A	147-148
『フランスに産する植物による羊毛・羊毛製品の堅牢染めの方法および経験集』	147-148
地衣類	46
チヴィダヴェッキア	72・73
チオインディゴ	117・119
チバ社	125
ツタンカーメン	29
ディースバッハ	80
ディオスコリデス，ペダニウス	48・60
『薬物誌』	48
ディッペル，ヨハン	80
ディドロとダランベール	83
『百科全書』	83
デーヴィ	84
テオドラ（皇后）	41
テオフィルス	55
『さまざまの技能について』	55
鉄	19
テッセラ	41・65
鉄明礬石	26
テナール	88
デュビュッフェ，ジャン	159-160
『仕事中の一般人』	159-160
デュ＝フェ，シャルル	90
テラロッサ	19・21
デルフト	27
デュマ，ジャン＝バティスト	139-141
展色材	37
テンペラ画法	76
ドーレール	104
トウダイグサ	54
『東方見聞録』	73
ドールトン	84
ドガ，エドガー	121
「髪を結う女」	121
ドレッペル，C	80

な

ナイル川	29
ナタンソン，I	103
捺染	90・91・92・93
ナトロン	27
ナポリ黄	84・85
ナポレオン3世	109
難破船	37
ネブアメン	25
ネロ	41
粘土	19

は

パーキン	102・103・106
バーディシェ・アニリン・ウント・ソーダ・ファブリク社（BASF）	106・114・116・125
バイエル社	107・116
媒染	29・39・46・47・48・49・52・76・91
パウルス2世	75
白亜	18
ハグマノキ	93
パステル画	121
バティック	38
パテントイエロー	86
パピルス	25・28・44・56
『パピルス・プリス』	28
パリバイオレット	104
パリブルー	80
ハンザ同盟	75
ピウス2世	72
『ピエモンテのアレクシス司祭閣下による秘伝』	61・137
ピエロ・デラ・フランチェスカ	63
「シジスモンド・マラテスタの肖像」	63
ヒエログリフ	24
秘儀荘	32・35
ピケ	109
『染物職人のための化学』	109
フィールド，ジョージ	85
『顔料についての実例と逸話』	85
フィッシャー	105
フィレンツェ	72・75
ブートレーロフ	105
フォービスム	119
フォーブズ	118
フォリウム	44・56・60
フクシン	103・104
『ブシコー元帥の時祷書』	68
豚の膀胱	76
フタロシアニン	119・123・124・125
不飽和官能基	106
ブラジルスオウ	44・51・52・55・87・123
ブラジルスオウレーキ	68・80
ブラックオーカー	52
フランコロール社	124
ブランフィクス	89
プリーストリ，ジョセフ	84
ブリティッシュ・ダイズ	

168

INDEX

社	123	ポッツォーリ 33・36・37・54	23・32・39・46・62・87・93	リサージ 36・37・85
ブリティッシュ・ダイスタッフ社	116	ホフマン 102・103・105・106・109	木炭 20・23	リッケルト 76
プリニウス	32・35・41	ホフマンバイオレット 104	木藍 51・93	「自画像」 76
『博物誌』	29・47・51	ホルス神の眼 17	没食子 46・111	『リブリ・コロルム（色彩についての諸書）』 136-137
ブルーベリー	46	ポンペイ 30・31・32	モヘンジョダロ 23	リモナイト 19
プルシアンブルー	80・81・85・86・124			硫化バリウム 86
フルダ修道院	56	**ま▼**	**や▼**	リュミエール兄弟 107
プルプリン（モザイク金）	62	マイスター・ルシウス・ブリューニング社（MLB） 106・114・116	ユエ，J＝B 90	緑塩銅鉱 26
フレスコ画	30・35	マウルス，ラバヌス 56	ユスティニアヌス帝 41	緑青 32・52・55・56・80
ブレディフ，ジョゼット	148	「聖なる十字架の称賛」56	羊皮紙 39・44・55・56	緑土 18・19・31・33・41・52
『ジェイ布』	148	マオーナ・ディ・キオ 52	ヨードグリーン 104	緑礬 111
プロニャール，アレクサンドル	26	マッパエ・クラヴィクラ 134-135		リヨンブルー 104
ベッシュ＝メルル	19・22・23	マッケー，ピエール＝ジョセフ 80・90	**ら▼**	ル＝ブラン，シャルル 83
ベニバナ	29・47	マンガン 23	ラ・トゥール，ジョルジュ・ド 84・121	ルイ14世 76
ヘマタイト	19・21・23・30・32・36・56・125	ミニウム 60	「ダイヤのエースを持ついかさま師」 84	ルーサン 109
ヘルクラネウム	30	ミョウバン 48・49・52・72・73・92	「幼いニコル・リカールの肖像」 121	ルネッサンス 68
ペルシア更紗	91	ミロリ 86	ラヴォアジエ 84	レヴィンスタイン社 123
ペルシアベリー	51・52	ミロリグリーン 86	ラスコー 19・21	レーキ顔料 17・33・52・53・68・85・101・116・117・118・123
ベルトレ，クロード＝ルイ	84・92・105・113	メギ 46	ラノルヴィル，G 149-151	レオ10世 75
『染色法入門』	84	メチルバイオレット 117・119	ラピスラズリ 44・51・52・54・56・60・63・68・76・80	レッドオーカー 18・25・28・32・35・52・80・129
ベンゼン	105	メディチ家 73	ラファエロ 75	錬金術 61・80・81
方鉛鉱	27	メルク社 125	ラメセス4世 24	ローズレーキ 118・119
方解石	81・77・77	モーベイン 102・103	藍銅鉱 54	ローマ 30・31・32・33・36・39・41・44・51・65
芳香族	105・106	モクセイソウ	リーベルマン，カール 106	ログウッド 87・102・111
ボーキサイト	21			ロビゲー 102

169

出典(図版)

【表紙】

表紙●パステル画用のチョークを入れた箱。個人蔵。
背表紙●ルフラン社製の絵具チューブ。個人蔵。
裏表紙●セヌリエ社製の顔料。

【口絵】

5●セヌリエ社製の顔料。
6●緑色顔料。
6右上●ボーヴェの国立タピスリー製造所で用いていた色見本。国立ゴブラン織工場,パリ。
7●ウジェーヌ・ドラクロワのパレット。ウジェーヌ・ドラクロワ美術館,パリ。
7右●セヌリエ社の顔料色見本。
8●褐色顔料。
8右●タイの日傘,フランソワーズ・ユギエーの写真。
9●赤いプラスチックチューブ。
9●セヌリエ社の顔料色見本。
10●黄色顔料。
10右上●製造途上の黄色絵具。
11●染色したココヤシ繊維。
11右●セヌリエ社の顔料色見本。
12●青色顔料。
12右●球状のウルトラマリンブルー。民俗民芸博物館,パリ。
13●ホリデイ・ピグメンツ社の顔料で着色した瓶。
13下●セヌリエ社の顔料色見本。
15●淡色の茜レーキが入った広口瓶。民俗民芸博物館,パリ。

【第1章】

16●コプト人の織物。クリュニー中世博物館,パリ。
17●ハヤブサの頭部を持つ神ホルスの眼,タペレの婦人の石碑,木に彩色,紀元前900〜800年頃。ルーヴル美術館,パリ。
18●ルシヨンのオーカー採石場。
19●レッドオーカーの石塊。個人蔵。
20●野牛,アルタミラ洞窟壁画,スペイン。
21●雄牛の間,ラスコー洞窟壁画の復元。国立古代博物館,サン=ジェルマン=アン=レー。
22-23●ペッシュ=メルル洞窟の壁画,ロット県,フランス。
24●ラムセス4世のウシャブティ,木に彩色,エジプト新王国時代。ルーヴル美術館,パリ。
24下●カーの墓室で出土した,顔料の入った壺。エジプト第18王朝。エジプト博物館,トリノ。
25●ネブアメンの墓の壁画,テーベ,第18王朝。
26●テーベで出土した,釉を施したカバの陶器,中王国時代。ルーヴル美術館,パリ。
27●古代エジプトのスカラベの胸飾り。エジプト博物館,カイロ。
28-29上●「パピルス・プリス」と呼ばれる古代エジプトのパピルス,紀元前2600年。フランス国立図書館,パリ。
28下●屍衣の断片,麻布に彩色,エジプト第19王朝。ルーヴル美術館古代エジプト部門,パリ。
29上●学生の書写板,エジプト新王国時代。ルーヴル美術館,パリ。
30●ポンペイで使用されていた鉱物顔料。ナポリ国立考古学博物館。
31●ヴェッティの家のフレスコ画,ポンペイ。
32●茜レーキ,アルジャントマギュス遺跡,2世紀。
33上●緑土を用いたローマ時代の壁画。スタビアエ。
33下●緑土。ロンドン,ウィンザー&ニュートン社所蔵。
34-35●ポンペイの秘儀荘のフレスコ画。
36中●彩色ガラス。ルーヴル美術館,パリ。
36下●エジプトブルーの丸い塊,ロラン美術館,オータン。
37●マルセイユ近く,ブラニエの難破船で発見された鶏冠石,エジプトブルーおよびリサージ。
38●コプト人の織物。ルーヴル美術館,パリ。
39左●植物性染料を用いた染色の様子。トルコ・カッパドキア地方。
39右●布の染色の様子。カメルーン。
40●皇后テオドラと侍女たち,モザイク画,サン=ヴィターレ聖堂,ラヴェンナ。
41●赤紫色染料の原料となるアクキガイ,素描,1757年。ヴェルサイユ市立図書館。

【第2章】

42●南側周歩廊のステンドグラス「美しき絵ガラスの

········· 出典(図版) ·········

聖母」, シャルトル大聖堂。
43●織物商人,『事物の属性について』の写本装飾, Ms.fr.134, fol 385v. フランス国立図書館, パリ。
44●緑青とインディゴで彩色されたオオカミ,『ケルズの書』の写本装飾, 800年頃。トリニティ・カレッジ図書館, ダブリン。
45●曲芸師, 写本画, Ms.Lat.1118, fol 122v. フランス国立図書館, パリ。
46左●ラシャ職人と染物職人, 15世紀, ラバヌス・マウルス『万有誌』の写本装飾。モンテカッシーノ修道院所蔵。
46上●乾燥させたベニバナの花。
47下●乾燥させたクロウメモドキの漿果。
48上●茜, A・マッティオリ『ディオスコリデス注釈』の版画 (1642年)。
48左●茜の根。ロンドン, ウィンザー&ニュートン社所蔵。
49●染物職人, ジャン・デュ=リース作『事物の属性について』(1482年)の写本画。大英図書館, ロンドン。
50上●染物職人,『網工芸についての論文』の写本画,

メディチ家ラウレンツィアーナ図書館, フィレンツェ。
50下●球状に固めたタイセイ(「コカーニュ」)。
51●ベナレス産インディゴの塊。カラー博物館, ブラッドフォード。
52●中世にパレットとして用いていた貝殻。ムアン=シュル=イエーヴル城。
53●絵を描く乙女と顔料調製師, 写本画。フランス国立図書館, パリ。
54●「貴婦人と一角獣」(「視覚」), タピスリー, 15世紀。クリュニー中世博物館, パリ。
55●「アリマタヤのヨセフ」(部分), 象牙彫刻, 1260〜1280年頃。ルーヴル美術館, パリ。
56●ルイ9世(敬虔王)の肖像(推定), ラバヌス・マウルス『聖なる十字架の称賛』写本装飾, 9世紀。フランス国立図書館。
58-59●鉱物や有機物質の標本,『単純薬剤論』写本画。フランス国立図書館, パリ。
60上●16世紀の辰砂製造所。アグリコラ『デ・レ・メタリカ(金属について)』(1561年)の版画。
61上●色材の製法,『ピ

エモンテのアレクシス司祭閣下による秘伝』(1557年)。個人蔵。
61右上●薬用植物の蒸留に用いる器具。A・マッティオリ『ディオスコリデス注釈』の版画(1642年)。
61下●コチニールのカーマイン色素。個人蔵。
62上●ピエロ・デッラ・フランチェスカ「シジスモンド・マラテスタの肖像」(部分), 木板に油彩。ルーヴル美術館, パリ。
62下●電子顕微鏡による鉛錫黄の拡大画像。国立鉱業高等学校, パリ。
63●ピエロ・デッラ・フランチェスカ「シジスモンド・マラテスタの肖像」, 木板に油彩。ルーヴル美術館, パリ。
64●フランソワ・リモザン作「プルトンとペルセポネを前にしたオルフェウス」, エマイユ細工, 17世紀初頭。フランス国立陶磁器博物館, セーヴル。
65上●十字架型プレート, 七宝, 12世紀末。クリュニー中世博物館, パリ。
65下●聖トーマス・ベケットの装飾を施した聖遺物箱, 銅板に七宝, 13世紀初頭。

クリュニー中世博物館, パリ。
66●フェラーラ公の印の入った皿, ウルビーノ近郊, 1579年頃。フランス国立陶磁器博物館, セーヴル。
67上●皿, ボーヴェ近郊, 16世紀。フランス国立陶磁器博物館, セーヴル。
67下●壺, ウルビーノ近郊, 1540〜1550年頃。フランス国立陶磁器博物館, 国立セーヴル製陶所, パリ。
68●『聖母の訪問』,『ブシコー元帥の時祷書』写本装飾, 15世紀。ジャックマール=アンドレ美術館, パリ。
69上●同上(部分)。

【第3章】

70●インド産, ジャワ島産, グアテマラ産の40種のインディゴを入れた箱, 1/56m。ドイツ・テキスタイル博物館, クレフェルト。
71●色見本皿。国立セーヴル製陶所。
72●ミョウバン鉱山, 写本画。フランス国立図書館, パリ。
73●アラブの商人, マルコ・ポーロ『東方見聞録』写本画, 1412年頃。
74上●乾燥させたコチニー

出典(図版)

ル。
74下●コチニールを収穫するメキシコ先住民,水彩画,18世紀。メキシコ国立公文書館。
75●ラファエロ「レオ10世と枢機卿たち」,キャンバスに油彩。ウフィツィ美術館,フィレンツェ。
76-77●ヴェネツィアの染物職人,作者不詳,1730年。コッレール美術館,ヴェネツィア。
78上●色材の製法,『ピエモンテのアレクシス司祭閣下による秘伝』(1557年)。
78下●豚の膀胱。民俗民芸博物館,パリ。
79●リッケルト「自画像」,キャンバスに油彩,1638年。ディジョン美術館。
80-81上●化学の実験室,18世紀。
81下●プルシアンブルーを入れた広口瓶。カラー博物館,ブラッドフォード。
82-83●国立ゴブラン織工場での染色,版画。
84●ジョルジュ・ド・ラ・トゥール「ダイヤのエースを持ついかさま師」(部分),キャンバスに油彩。ルーヴル美術館,パリ。
85左●顔料についての覚え書き,ジョージ・フィールド『顔料についての実例と逸話』。プラクティカル・ジャーナル,1809年。ロンドン大学コートールド美術研究所。
85右●インディアンイエローの塊。ロンドン,ウィンザー&ニュートン社所蔵。
86-87●壁紙の印刷作業,セーヴル焼,19世紀初。国立陶磁器博物館,セーヴル。
88上●トゥルニー「シュヴルールの肖像」,キャンバスに油彩。アンジェ美術館。
88下●最初の測色計。国立ゴブラン織工場,パリ。
89左上●羊毛を用いたシュヴルールの色相環。
89●球状のウルトラマリンブルー(ギメブルー)が入った箱,19世紀。個人蔵。
90-91●J=B・ユエ「1806年のジュイ工場」,キャンバスに油彩。オーベルカンプ博物館,ジュイ=アン=ジョサス。
91下●古い文書に基づいて捺染した布,コモーリオ(布地店),パリ。
92●ミョウバン媒染の試み,レオナール・シュヴァルツ『イザック・シュランベルジェの研究室での日誌』,1838年。染織美術館,ミュルーズ。
92-93下●捺染綿布の工場,1835年頃。科学博物館,ロンドン。
94-95上●孔雀の羽柄のハンカチ,ブルーマー&イェニー工場,19世紀末。
94-95中●蝶の図柄の日本風パネル,ケクラン工場。染織博物館資料室,ミュルーズ。
97●ペルーでの布の染色,水彩画。王宮,マドリッド。
98-99●インドのインディゴ製造所,写真,1877年。科学博物館,ロンドン。

【第4章】

100●色材製造工場。ロンドン,ウィンザー&ニュートン社所蔵。
101●ブリティッシュ・アリザリン社のラベル。カラー博物館,ブラッドフォード。
102●シュヴルールの実験室にあった染料となる樹木。国立ゴブラン織工場,パリ。
103上●ウィリアム・パーキンの肖像。カラー博物館,ブラッドフォード。
103下●パーキンのモーヴェインで染めた肩掛け,1862年。科学博物館,ロンドン。
104下●化学者アウグスト・ケクレの肖像。
104-105上●アニリン工場(1886年),版画。
106中●オートクロームの一部を拡大した画像。書記資料保存研究所(CRCDG),国立自然史博物館,パリ。
106左下●BASF社の瓶。カラー博物館,ブラッドフォード。
107●茜染めの軍服を着た,第一次世界大戦当時のフランス兵。リュミエール兄弟のオートクローム。
108-109●染色した羊毛や布のサンプルボード,O・ビケ『染物職人の化学』(1892年)。個人蔵。
110●J・A・ホイッスラー「画家の母の肖像」(部分),キャンバスに油彩。オルセー美術館,パリ。
111●ベロー「夜会」(部分),キャンバスに油彩。オルセー美術館,パリ。
112●重ねた白いシーツ,ジャック・ブーレーの写真。
113●パルプ紙料,H・A・セガレンの写真。
113右上●洗濯物の漂白に使う粉末青味剤〈ルテシア〉

出典(図版)

114●BASF社製インディゴのラベル, 1903年。
115上●1910年ごろのBASF社のインディゴ製造研究所。
115下●インディゴ生産に使う槽, BASF社。
116左上●フィンセント・ファン・ゴッホ「2人の少女」(部分)の拡大写真,キャンバスに油彩。『色彩』,〈カイエ・デュ・レオパール・ドール〉シリーズ, 1994年。
116右上●ゼラニウムレーキ。カラー博物館, ブラッドフォード。
116-117●染料の耐光性を検証するためにイギリスで使われていたテスター, 1903年。科学博物館〈科学と社会〉写真資料館, ロンドン。
118●ルフラン社のチューブ入り絵具サンプル。個人蔵。
118-119●色材とニスのサンプルを入れた箱, 19世紀末。個人蔵。
120●エドガー・ドガ「髪を結う女」(部分), パステル画。オルセー美術館, パリ。
121上●パステル画用のチョークを入れた箱。個人蔵。
121下●モーリス・カンタン・ド・ラ・トゥール「幼いニコル・リカールの肖像」(部分), パステル画。ルーヴル美術館, パリ。
122●ミュラー=クルット作, オットー・ベーア色材工場の広告ポスター, 1929年。装飾図書館, パリ。
123●クールマン社製〈アシッドブルー93〉の箱。個人蔵。
124上●真珠光沢顔料の顕微鏡画像, F・モンテザンによる写真。国立鉱業高等学校, パリ。
124下●ルノー・トゥインゴの車体の塗装。
125●カードゲームをする中国の人々, ブルノ・バルベイの写真。
126●シグマカロン社の船舶塗装。
127●ホリデイ・ピグメンツ社顔料で着色されたさまざまなプラスチック製品, G・ラルミュゾーの写真, ホリデイ・ピグメンツ社。
128-129上●キャンディー〈チュッパチャプス〉製造の様子, バルセロナ。
129下●食品用着色料。
130●〈ガムカラー〉色見本。
132●紫, 青, ピンクの顔料, ホリデイ・ピグメンツ社による写真。

【資料篇】

133●セヌリエ社工場での顔料粉砕, 20世紀初。セヌリエ社資料。
137●『ピエモンテのアレクシス司祭閣下による秘伝』(1557年), 個人蔵。
139●カルミン(赤色色素)の入った広口瓶。個人蔵。
142●流行した色名のリスト, V・ゲー『考古学用語辞典』, パリ, 1887年。
145●染物職人, C・ヴァイゲルの版画, 18世紀。
146●布の縮充機, 版画, ルイ・フィギエ『産業の驚異』1875年頃。
149●オーカーの包み, オーカー博物館, アプト。
150●オーカーの入った樽, アプト駅にて。
153●「虹の色」, 版画, アユイ神父『物理学原論』, 1806年。
154●「画家のアトリエ」(部分), フィリップ・ハレの版画, フランス国立図書館, パリ。
155●黒鉛の芯のデッサン用鉛筆。個人蔵。
158●画家たちのアトリエ〈ラ・リューシュ(蜂の巣)〉, モンパルナス。ポール・アルマーシの写真, 1968年。

参考文献

メルロ・ポンティ『眼と精神』竜浦静雄・木田元訳, みすず書房（1966年）
ヨハネス・イッテン『色彩論』大智浩訳, 美術出版社（1971年）
ジョセフ・アルバース『色彩構成』白石和也訳, ダヴィッド社（1972年）
E・H・ゴンブリッチ『装飾芸術論』白石和也訳, 岩崎美術社（1989年）
城一夫『色彩の宇宙誌』明現社（1993年）
ミシェル・パストゥロー『ヨーロッパの色彩』石井直志・野崎三郎訳, パピルス(1995年)
ルートウィヒ・ヴィトゲンシュタイン『色彩について』中村昇・瀬嶋貞徳訳, 新書館（1997年）
柏木博『色彩のヒント』平凡社新書（2000年）
吉岡幸雄『色の歴史手帖』PHP（2003年）
『DICカラー・ガイド』大日本インキ化学

CRÉDITS PHOTOGRAPHIQUES

AKG Paris 34-35, 73, 76-77, 79, 104b, 104-105h, 115h, 145. AKG Paris/Paul Almasy 158. Archives Sennelier 129-133. Francis Bacon, Toulouse 46b. BIOS/Delabelle 18. BNF, Paris 28h, 43, 45, 53, 58-59, 72, 154. Jacques Boulay 112. Bridgeman, Paris 20, 25, 49, 50h, 68. Jean-Loup Charmet 122. P. et M. Chuzeville 29h. CNAM, Paris 89hg. Coll. auteurs 1er plat, dos de couv., 19, 33h, 36b, 46h, 47b, 48h, 52, 61hg, 69, 74h, 78hg, 89b, 108-109, 113hd, 118-119, 121h, 123, 137, 139, 153, 155. Cosmos/Photo Researchs/C. D.Winters 129b. Courtauld Institute of Art, University of London 81h. Dagli-Orti 21, 24b, 30, 31, 40, 42, 46g, 66, 67h, 67b, 74b, 75, 90-91h. Deutsches Textilmuseum, Krasfeld 70. Diaf 10hd. Diaphane/Sennelier 2ᵉ plat, 5, 7d, 9. DR 32. Ecole des Mines de Paris/F. Montezin 62b, 124h. Explorer Archives/Coll. Bauer 115b. Giraudon 27, 88h. Hoaqui/Huet 39d. Hoaqui/Thibaut 39g. Holliday Pigments/G. Larmuseau 13, 127, 132. Léger Patrick/Gallimard 6, 8, 10, 12, 91b, 130. M. Lorblanchet 22-23. Magnum/Bruno Barbey 125. Manufacture des Gobelins, Paris 2hd, 84b, 98b. Musée de l'Impression sur étoffes, Mulhouse 92b. Oronoz, Madrid 97. RMN, Paris 7, 12d, 15, 16, 17, 24, 26b, 28b, 36m, 38, 54, 55, 62h, 63, 64, 65h, 65b, 71, 78b, 84, 86-87, 110, 111, 120, 121b. Rapho 9. Rapho/Michel Baret 126. Rapho/F. Huguier 4d. Rapho/H. A.Segalen 113. Rapho/G. Sioen 11. Roger-Viollet 80-81h, 150. Science Museum, Londres 92-93b, 98-99, 103b. S. Siertinski, Toulouse 149. Sygma/B. Annebicque 128-129h. Sygma/F. Pitchal 124b. Tallandier 107. A. Tchernia 37. The Colour Museum, Bradford 51, 81b, 101, 103h, 106bg. J. Vigne 37, 52, 78-79, 116h, 146. Winsor and Newton Coll., Londres 29b, 48g, 85m, 100.

[著者] **フランソワ・ドラマール**

パリ国立高等鉱業学校教授。専門は材料表面研究。南仏の科学技術研究都市ソフィア・アンティポリスを拠点とし、さまざまな科学分野との交流を重ねるにつれ、古い絵具層の研究に関心を寄せる。

[著者] **ベルナール・ギノー**

物理学者、フランス国立科学研究センター（CNRS）研究技師。古代の色彩を専門とし、フランス国立高等研究院第4セクションの歴史学者たちと共同で、色材の歴史や絵画技法の変遷、作品保存の諸問題について研究を行っている。著作には、CNRSより出版の *Pigments et colorants de l'Antiquité et du Moyen Age*（『古代・中世の顔料と染料』）（1990年）などがある。

[監修者] **柏木博（かしわぎ ひろし）**

デザイン評論家。武蔵野美術大学名誉教授。近代デザイン史専攻。1946年神戸生まれ。2021年12月逝去。武蔵野美術大学卒。展覧会監修：『田中一光回顧展』（東京都現代美術館）ほか多数。著作：『デザインの20世紀』（NHK出版）、『家事の政治学』（青土社）、『日用品の文化誌』、『モダンデザイン批判』（岩波書店）、『「しきり」の文化論』（講談社）ほか多数。監修：『グラフィック・デザインの歴史』（創元社）

[訳者] **ヘレンハルメ美穂（みほ）**

1975年生まれ。英語・仏語・スウェーデン語翻訳者。国際基督教大学教養学部、パリ第三大学近代仏文学修士課程修了。スウェーデン在住。

「知の再発見」双書132　**色彩—色材の文化史**

2007年2月10日第1版第1刷発行
2022年2月10日第1版第6刷発行

著者	フランソワ・ドラマール／ベルナール・ギノー
監修者	柏木博
訳者	ヘレンハルメ美穂
発行者	矢部敬一
発行所	株式会社 **創元社** 本　社❖大阪市中央区淡路町4-3-6　TEL(06)6231-9010(代) FAX(06)6233-3111 URL❖https://www.sogensha.co.jp/ 東京支店❖東京都千代田区神田神保町1-2田辺ビル TEL(03)6811-0662(代)
造本装幀	戸田ツトム
印刷所	図書印刷株式会社

落丁・乱丁はお取替えいたします。
Printed in Japan©2007　ISBN 978-4-422-21192-3

JCOPY〈出版者著作権管理機構 委託出版物〉
本書の無断複製は著作権法上での例外を除き禁じられています。複製される場合は、そのつど事前に、出版者著作権管理機構（電話 03-5244-5088, FAX 03-5244-5089, e-mail: info@jcopy.or.jp）の許諾を得てください。

●好評既刊●

B6変型判/
カラー図版約200点

「知の再発見」双書
美術シリーズ23点

③ゴッホ
嘉門安雄〔監修〕

⑧ゴヤ
堀田善衞〔監修〕

⑬ゴーギャン
高階秀爾〔監修〕

㉛ピカソ
高階秀爾〔監修〕

㊼マティス
高階秀爾〔監修〕

㊵ルノワール
高階秀爾〔監修〕

㊼モネ
高階秀爾〔監修〕

㊲ギュスターヴ・モロー
隠岐由紀子〔監修〕

㊿レオナルド・ダ・ヴィンチ
高階秀爾〔監修〕

㊻シャガール
高階秀爾〔監修〕

㊲セザンヌ
高階秀爾〔監修〕

㊼ラファエル前派
高階秀爾〔監修〕

㊽レンブラント
高階秀爾〔監修〕

㉑ジョルジュ・ド・ラ・トゥール
高橋明也〔監修〕

そのほか
⑩ガウディ　千足伸行〔監修〕
⑮ルーヴル美術館の歴史　高階秀爾〔監修〕
⑯ヴェルサイユ宮殿の歴史　伊藤俊治〔監修〕
⑫グラフィック・デザインの歴史　柏木博〔監修〕
⑳ロダン　高階秀爾〔監修〕
㉕カミーユ・クローデル　湯原かの子〔監修〕
㉘ル・コルビュジエ　藤森照信〔監修〕
㉚ターナー　藤田治彦〔監修〕
⑱ダリ　伊藤俊治〔監修〕